常用实木地板消费指南

孙晓薇　杨伟敏　主编

黄河水利出版社

·郑州·

图书在版编目（CIP）数据

常用实木地板消费指南/ 孙晓薇,杨伟敏主编. —郑州：
黄河水利出版社,2018.12
ISBN 978 – 7 – 5509 – 2223 – 5

Ⅰ. ①常…　Ⅱ. ①孙…　②杨…　Ⅲ. ①实木地板 – 中国 –
指南　Ⅳ. ①TU531.1 – 62

中国版本图书馆 CIP 数据核字（2018）第 291993 号

组稿编辑:李洪良　　电话:0371 – 66026352　　E-mail:hongliang0013@163.com

出　版　社:黄河水利出版社　　　　　　　　　网址:www.yrcp.com
　　　　　　地址:河南省郑州市顺河路黄委会综合楼 14 层　　邮政编码:450003
发行单位:黄河水利出版社
　　　　　　发行部电话:0371 – 66026940、66020550、66028024、66022620（传真）
　　　　　　E-mail:hhslcbs@126.com
承印单位:河南瑞之光印刷股份有限公司
开本:787 mm × 1 092 mm　1/16
印张:15
字数:275 千字　　　　　　　　　　　　　印数:1—1 000
版次:2018 年 12 月第 1 版　　　　　　　　印次:2018 年 12 月第 1 次印刷

定价:60.00 元

《常用实木地板消费指南》
编 委 会

序

  中国的家居行业从地板开始，改革开放 40 年来，国民消费水平不断攀升，随之而来的便是席卷生活各个领域的消费进阶。中国地板产业在改革开放潮起之时，紧紧抓住历史机遇，顺时应势，规模由小到大，实力从弱到强。具有国际先进水平的地板企业不断增加，中国地板行业在国际地板生产、技术和贸易中占据着重要地位。

  截至 2017 年底，木质产品全国总产值已经达到了 7.19 万亿元，为我国的社会经济发展和群众生活条件改善做出了巨大贡献。作为木质产品重要组成部分的木地板，其产业年总产值也已突破 1 000 亿元。

  实木地板是一种天然的地面铺装材料，20 世纪 80 年代初开始进入百姓家庭。从整体行业来看，我国实木地板产销量已跃居世界龙头的地位，在中国市场一直稳居高端家居消费品地位，占据着地板市场的主要份额。

  林业是国民经济的重要基础性产业，除了包含传统的植树、造林、绿化、美化、修复改善生态环境外，林业产业及木质产品的质量安全得到国家的高度重视。进一步提升木质产品质量水平，促进林业产业持续健康发展，直接关系到经济社会发展和人民群众的切身利益。

  中国人喜爱木头，是一种与生俱来的家居本能。实木地板这种源自天然的健康舒适感受是任何人造装饰材料不可替代的。这本书从木地板的发展历史、生产工艺、质量检验、用材树种、选购铺装到相关国家标准、行业标准要求等都做了概述，具有较强的实用性。

  希望通过该书，能够让广大读者熟悉和了解木地板的相关知识，给消费者在选购和使用木地板时提供有益的帮助。

师永全

2018 年 12 月

前　言

实木地板是由天然优质木材直接加工而成,具有隔音隔热、调节温湿度、冬暖夏凉、脚感弹性好、华丽高贵、经久耐用等特点,是最具亲和力的天然绿色环保家装材料。实木地板按加工工艺可分为普通实木地板和仿古实木地板;按表面形态和表面涂饰可分为平面实木地板、非平面实木地板、涂饰实木地板、漆饰实木地板、油饰实木地板。市场常见实木地板用材有圆盘豆、孪叶苏木、柚木、巴福芸香、槲栎(含柞木)、铁心木、二翅豆、圆盘豆、榄仁木、蚁木、纤皮玉蕊、柚木、任嘎漆、印茄木、甘巴豆、坤甸铁樟木、番龙眼、铁线子、合欢等。

我国是木地板的生产、制造、消费大国。随着消费者生活水平的不断提高,购买能力不断增强,推动着木地板行业进入高质量发展的新时代。特别是家装热潮的兴起,实木地板市场产销量日益增加,广大消费者亲近自然、崇尚环保的意识不断加强,对实木地板的需求也在日益增加。但作为高价值、耐用性,且最终体验于安装服务品质的家装产品,消费者在选购和使用实木地板时,势必会遇到专业、技术的知识盲区,为此,笔者编撰了此消费指南,以帮助消费者清晰了解当前木地板的质量、服务以及消费需求,从而选购到适合自身需求的产品。

基于以上想法,该书在笔者多年工作实践和积累的基础上进行了整理总结,从实木地板的历史发展到近代实木地板的生产制造工艺、技术等内容进行了系统归纳,对实木地板的选购、铺装、保养等知识进行了较为详细的介绍。

该书内容涉及广泛,图文并茂,从实木地板发展背景到实际选购、铺装、使用、国家、行业标准,同时对市场常见地板如浸渍纸层压木质地板(强化木地板)、实木复合地板、竹木地板、地采暖地板、体育场馆用木质地板等都进行了介绍。内容丰富,资料详实,实用性较强,是一本消费者选购木地板时的参考书籍。

该书的撰写得到河南省林业局有关领导、国家林业和草原局部分国家林业质检机构、河南省林业科学研究院的有关专家和河南豫林科技园林公司的大力支持与帮助,在此一并表示衷心的感谢。

限于学力,在编写中不免有疏漏之处,恳请广大读者、行业领导、专家以及同仁不吝指正!

编　者

2018 年 10 月

目　录

第一章　实木地板发展概况

第一节　古代及近代实木地板发展

随着国人消费水平的提高，人们购买木地板不仅仅是为了拥有地板，而是享受木地板带来的更舒适、更省心、更健康的生活。木地板发展过程中的每一代产品的出现，都是迎合当下市场、满足终端消费者的需求而演变过来的。而社会观念的变化、技术的更新都左右着木地板的发展之路。人类从结庐而居开始，拥有温暖、舒适的家居环境就一直是人们的梦想。在地面铺设由原木制造而成的地板，成为这一梦想最早且最为执着的尝试。

一、新石器时代

发现于 1973 年的河姆渡遗址（位于浙江省宁波余姚市河姆渡镇），出土了 1 000 多件干栏（橺）式建筑构件，主要是 48 层 25 排排列有序的由桩木、板桩、圆木组成的排桩及散落各坑的板材；根据排桩的走向组合，推测至少有 6 组（栋）以上的长排式建筑。其中在最大的一幢建筑中，其基础木桩上架设有纵横交错的地梁，在地梁上铺设有带企口的木地板。同时考古工作者们也发现，河姆渡时期的建筑已经采用榫卯结构作为连接技术，平身柱卯眼（中柱上的卯眼）、转角柱卯眼（檐柱的卯眼）与梁配合使用，使中柱与檐柱、中柱与中柱、檐柱与檐柱得到紧密接合，从而构成十分稳定的屋架，使地板的铺设得到可靠保证。河姆渡遗址出土的地板长约 100 cm，板厚 6 cm，因此地梁之上还需要铺设一道地栿（位于地面上，为石栏的第一层）才能搁置地板。如果用绑扎方式来固定地梁与屋柱的节点，那么用不了多久，楼板将会坍塌下来，而榫卯发明以后，特别是带销钉的孔榫应用以后，才加强了梁柱的连接，使凌空的干栏式建筑能够稳稳地立住。

除河姆渡遗址外，在同为新石器时代的马家浜文化和良渚文化的许多遗址中，考古工作者也都发现了埋在地下的木桩以及底架上的横梁和木板。这些考古发现都证明了，实木地板约在 7 000 年前就已开始为人类所使用，是目前传承最为悠久的地材种类之一。

二、商周时期

中国的先秦时期木工工具的发展,为尚处于产品发展"幼年时期"的实木地板产品不断提供着完善的可能性,特别是木材裂解、平整、拼装的精度得到了持续的提升。

在新石器时代,人们主要使用石楔、石斧、石锛、石凿、石刀等工具来裂解加工木材,相当费时费力。所以,我们可以看到以河姆渡遗址为代表的新石器文化时期的木地板形制粗糙、尺寸芜杂,尤其是受制于工具的缺乏,导致木地板平整度非常差,处于非常原始的产品状态。新石器时代末期,少量的青铜器生产工具开始出现。青铜工具加工精确、锋利、硬度大,最终代替石器成为生产力水平的代表。但是当时的青铜器制造工艺落后,成本高,使用范围的局限性大,所以未能对木地板的加工带来根本性的改善。

商代前期,青铜冶炼的水平逐步提高,到商代晚期,青铜器的含锡量大幅度增加,而含铅量则有所减少,不仅在宏观上奠定了青铜文化的发展基础,也对实木地板的加工品质起到了较大的促进作用。

2014年2月10日,陕西省考古研究院公布了最新的考古发现,位于清制县的率庄遗址发现一处4 200 m² 的商代晚期建筑遗址,呈现出主体建筑和两级落差3 m的回廊(见图1-1)。经专家论证,这个建筑遗迹是目前殷墟之外发现的商代晚期规模最大的。此外,考古人员发现了距今3 000年的木地板。在其主体建筑内没有发现明显隔墙或梁柱之类的构筑物,室内地面尤其是靠壁部分经过夯打,除在其东北角

图1-1　商代晚期建筑遗址

发现一座类似小型房屋建筑外,在主体建筑东壁还发现了宽达1.8 m的门道。门道内横铺有宽窄不等的木板,两侧还纵置有类似"地脚线"的方木痕迹,置于木板两端之上。辛庄遗址考古项目现场负责人孙战伟说:"木地板铺设的时候也是非常讲究的,第一个就是它的厚度不一样,为了保持平面比较平整,所以它嵌入下面的深度也是不一样的,而且在木地板的两端有类似于地脚线的横木进行压边。"对于这个重大发现,陕西省考古研究院研究员张天恩认为:"在一定意义上这应当是迄今为止黄土高原考古发掘出土的最早木地板。对于我们了解商代的陕北地区,甚至陕晋高原地区的商代考古学文化和认识当时人类活动的种种文化现象、历史渊源等各方面都有很重要的意义。"

陕西的考古发现,在实木地板发展史上具有重要的意义。我们可以看出,自当时开始,技术努力的主要方向已经由提高木材加工效率和精度,逐渐向"如何保证实木地板的稳定、耐用、可靠"方面进行转变。而配套专用踢脚线的出现,则意味着实木地板配件系统雏形的产生,表明其在生活中的应用已具有相当的普遍性。

到周代,青铜冶炼已采用鼓风技术,生产效率和品质出现明显提升,推动用于木加工的工具种类有了很大的发展,主要有斧、斤、凿、钻、刀、削、锯、锥等,而到了战国中晚期,铁器的使用及传播已相当广泛,木工的工具也有了铁制的斧、锯、钻、凿、铲、锛等。

三、春秋战国时期

在春秋末期战国初期,出现了被后世尊为土木工匠始祖的公输般(鲁班)。中国古代的建筑技术,正史很少记载,多是历代匠师以口授和钞本形式薪火相传。由匠师自己编著的专书甚少。宋初木工喻皓曾作《木经》,但早已失传,只有少量片断保存在沈括的《梦溪笔谈》(见图1-2)里。惟独明代的《鲁班经》是流传至今的一部民间木工行业的专用书,现有几种版本,具有重要的史料价值。这部书的前身,是宁波天一阁所藏的明中叶(约成化、弘治年间,1465～1505年)的《鲁班营造法式》,现已残缺不全。据后世古籍记载,鲁班发明、改良了诸多木工工具。综合史料,我们相信,鲁班依托周代及春秋时期冶炼技术与工具制造技术的成果,创新了很多木工工具,并对其进行了明确分类和系统化整理。鲁班的这一成就,除将当时的工匠们从原始、繁重的劳动中解放出来外,劳动效率也成倍提高,土木工艺出现了崭新的面貌,直接促进了实木地板产品加工品质的提升。

四、秦汉时期

公元前221年,秦统一中国,到公元220年东汉覆灭,共四百多年时间。秦始皇

图 1-2　《梦溪笔谈》

统一全国后,一方面,大力改革政治、经济、文化,统一货币和度量衡,统一文字。这些措施对巩固统一的封建国家起了一定积极作用。另一方面,又集中全国人力、物力与六国技术成就,在咸阳修筑都城、宫殿、陵墓。以咸阳宫翼阙为核心而扩大,仿建六国宫殿,"每破诸侯,写放其宫室,作之咸阳北阪上,南临渭,自雍门以东至泾渭,殿屋复道,周阁相属"。中国古代建筑出现了第一次发展高峰,奠定了中国建筑的理性主义基础。历史上著名的阿房宫、骊山陵,至今遗址犹存。

暴虐的秦王朝被推翻了,取而代之的是由汉高祖刘邦所创立的汉朝。经过西汉初年的休养生息,华夏大地又重现了往日的安宁与欢笑——中国自此进入了一个相对长的繁荣时期。两汉时期可谓中国建筑青年时期,建筑事业极为活跃,史籍中关于建筑之记载颇丰,建筑组合和结构处理上日臻完善,并直接影响了中国两千年来民族建筑的发展。然而由于年代久远,至今没有发现一座汉代木构建筑。但这一时期建筑形象的资料却非常丰富,汉代屋墓的外廊或是庙堂、外门、墓内庞大的石柱、斗拱,都是对木构建筑局部的真实模拟,寺庙和陵墓前的石阙都是忠实于木构建筑外形雕刻的,它们表示出木结构的一些构造细节。由此可见,经济的发展、大型建筑的普遍建造,为秦汉时期的建筑与木工技术的进步提供了非常有利的基础。

西汉末叶,台榭建筑渐次减少,楼阁建筑开始兴起。战国以来,大规模营建台榭宫殿促进了结构技术的发展,有迹象表明已逐渐应用横架。长时期建造阁道、飞阁,促进了井干和斗拱构造的发展,在许多石阙雕刻上已看到一种层层叠垒的井干或斗拱结构形式。从许多壁画、画像石上描绘的礼仪或宴饮图中可以看到当时殿堂室内高度较小,不用门窗,只在柱间悬挂帷幔。文献所记西汉宫殿多以辇道中相属,而未央宫西跨城做飞阁通建章宫,可见当时宫殿多为台榭形制,故须以阁道相连属,甚至城内外也以飞阁相往来。出于楼面减重、平面稳固和舒适生活的需要,在这些多层的木构架建筑中,多采用木材来作为楼板,不但起到楼层分割和楼面承重的作用,还具有装饰地材的效果,从其功用上来看,也属于实木地板。所以,汉代木构架多层建筑技术的发展,提高了单位土地的人口容量,有助于解决城市化人口增长的矛盾,形成了中国建筑史上的第一个高峰期;同时,木构架技术的发展和建造成本的下降,使得多层楼阁不再只是皇室官殿所独有,开始向王侯贵戚、高级官员府邸下探,由此大幅提高了木地板在高端建筑中的应用。

秦汉之后的魏、晋、南北朝三百余年间(公元 220～589 年),社会生产力的发展比较缓慢,在建筑上不及秦代、两汉期间有那样多生动的创造和革新,但建筑形态发生了较大的变化。特别在进入南北朝以后,单栋建筑在原有建筑艺术及技术的基础上进一步发展,楼阁式建筑相当普遍,建筑结构逐渐由以土墙和土墩台为主要承重部分的土木混合结构向全木构发展。这时木构架的形式已发生变化,由一行柱列上托长数间的阑额改为每间一阑额,插入两边柱顶的侧面,同时起拉结和支撑作用,增强了柱网的抗倾斜能力。这时在柱网上又出现由柱头枋、斗拱交搭组合成的水平铺作层,加强了构架的整体稳定性。经此改进,一般中小型建筑可以用全木构建造了。但是,特别大型的建筑,仍是土木混合结构,最突出的例证是公元 516 年所建洛阳永宁寺塔,塔为九层方塔,面阔九间,中心五间。这些都在一定程度上有利于木质楼板兼作实木地板建造技术的提高和向民间的发展。

五、唐宋时期

对于包括实木地板在内的家居产品而言,影响其发展进程的,除了工具的更新迭代,另一重要因素就是生活习惯的变革。

唐代是我国传统的起居方式从席地而坐向垂足而坐逐渐转变的过渡时期。正因唐代之前需要直接接触或兼做睡眠使用,所以对于地材的舒适性与亲肤要求较高。因此,当时平民多采用在地面铺设席子的处理方式,而只有高端场所才会铺设实木地板,普及程度不高,但地板规格开始趋于规则有序。

从宋代开始,椅子、床等高型家具得以真正流行,因此坐具、寝具逐渐与地面进行了彻底的功能分离。木制高型家具的流行,促使宋代木艺开始快速发展,无论是木材材性处理还是加工技法都有了很大的进步,并产生了众多木艺史上重要的人物和理论成果。北宋初年的喻皓,擅造木塔,并精通各种木工技术,相传他总结自己的实践经验撰成《木经》三卷,为中国古建筑重要著述之一。钱氏据两浙时,于杭州梵天寺建一木塔,方三两级,钱帅登之,患其塔动。匠师云:"未布瓦,上轻,故如此。"乃以瓦布之而动如初。无可奈何,密使其妻见喻皓之妻,贻以金钗,问塔动之因。皓笑曰:"此易耳,但逐层布板讫,便实钉之,则不动矣。"匠师如其言,塔遂定。盖钉板上下弥束,六幕相联如肢箧,人履其板,六幕相持,自不能动。人皆服其精练。北宋时曾官至将作监的李诫编修了当时的建筑技术书籍《营造法式》(见图1-3),反映了当时中国土木建筑工程技术所达到的最高水平,是中国古代最完善的土木建筑工程著作之一。在《营造法式》中,不仅详细记载了壕寨、石作、大木作、小木作、雕作等共十三种一百七十六项工程的尺度标准以及基本操作要领(类似现代的建筑工程标准做法),还提到了实木地板的用材、制作规范以及在日常家居中的应用。

图1-3 《营造法式》图样

相关资料显示,由于加工技术的进步,宋代的实木地板已经具备一定可靠性,表面平整,形态美观,所以普及度有所增高。但由于铺设要求和成本均较高,所以还是以两京的官用建筑为主,并下探到一些高官和殷实家庭。

六、明清时期

中国实木地板技术发展到明朝,基本延续了宋代以来的方案,并且在工艺精度、材料处理、涂装封闭及铺装规范方面都有了一定的进步,这些都得益于郑和大航海的壮举。明代从越南、印度尼西亚的爪哇和苏门答腊、斯里兰卡、印度及非洲东海岸等地获取了大量红木资源,性坚质细的海外硬木也因此进入中国,使中国匠师们对于硬木操作逐渐积累了丰富的经验,催生了中国特有的红木家具文化,为中国木艺的发展提供了直接而有力的助力。其次,通过史无前例的大型、超大型木质船舶的建造与应用,中国开始积累大量的木材养生、防腐、封闭等相关知识。据相关资料显示,郑和船队所用木材一般都须经过三到五年的自然干燥养生,以保证其稳定可靠。因此,在技术相互的影响下,明代的实木地板,其原材也开始通过较为完备的自然养生技术来进行预先处理,安装铺设后的成品则通过桐油饰面封闭,有效地提高了整体的稳定性能。

正由于造船技术的发展和借鉴,使得明代的实木地板开始在含水率处理与涂饰封闭方面有了长足的进步,地板的稳定性能有了较明显的提升。但鉴于制作成本和维护成本的原因,实木地板多使用于富裕家庭,且以兼做楼板为主。公元1605～1627年在位的明熹宗朱由校,是历史上极为罕见的"木匠皇帝",他短短的一生极为痴迷刀、锯、斧、凿、油漆之事,所以一定程度上也在统治者层面推动了木艺的进步和木质家居用品的普及应用。据相关史实资料显示,在明故宫,部分以生活起居为主要功能的建筑,就多处存在实木地板兼做楼板的设计。

由于明代木艺的高度发展,汉民族的民间木工行业专用书——《鲁班经》(见图1-4)流传至今。现有几种版本,具有重要的史料价值。这部书的前身,是宁波天一阁所藏的明中叶(约成化、弘治年间,1465～1505年)的《鲁班营造法式》,现已残缺不全。《鲁班经》介绍行帮的规矩、制度以至仪式,建造房舍的工序,选择吉日的方法;说明了鲁班真尺的运用;记录了常用家具、农具的基本尺度和式样;记录了常用建筑的构架形式、名称,一些建筑的成组布局形式和名称等。作为中国木工技术发展的阶段性总结,《鲁班经》具有重要的史料价值,在一定程度上也反映了当时实木地板所能采用的技术水平。

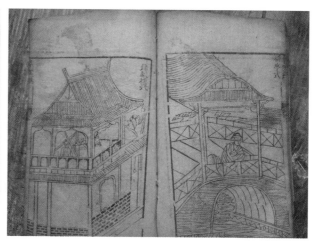

图1-4　《鲁班经》

明代中叶以后,徽商崛起,雄据中国商界。致富后的徽州商人,将大量资本返回家乡,其中重要的一项就是对建筑的投入,在江南、江北如江苏的扬州、金陵,浙江的杭州、金华,江西的景德镇等各大城镇扎根落户。徽派建筑的特色主要体现在村落民居、祠堂庙宇、牌坊和园林等建筑实体中。其风格最为鲜明的是大量遗存的传统民居村落,从选址、设计、造型、结构、布局到装饰美化都集中反映了徽州的山地特征、风水意愿和地域美饰倾向。徽派建筑的民居往往多有两层多进、中开天井的特点,其楼、穿堂的地材多为实木地板,儒雅温润,深得文居的真味。随着徽派建筑经明清两代的发展,逐渐成为中国古建筑最重要的流派,在民居中使用实木地板也渐呈趋势。

由于承袭自明代丰富的木材处理技术的探索与经验积累,到了18世纪,工业化的木材平衡技术诞生。匠人们开始使用烤房来烘干木地板的原料,木材含水率的控制变得更为准确,效率也大大提高。由于木材平衡技术的出现,所以从清代开始,实木地板不仅整体可靠性、实用性有了明显的提升,其工艺和外在表现也开始呈现多样化的趋势,并且突破了使用场景的限制,逐渐走向包括办公、娱乐等高使用强度的环境。

正因建筑业的发展,清代为加强管理,于雍正十二年(公元1734年)由工部编定并刊行了《工程做法则例》的术书,作为控制官工预算、做法、工料的依据。书中包括土木瓦石、搭材起重、油画裱糊等十七个专业的内容和二十七种典型建筑的设计实例。同时民间匠师亦留传下不少工程做法抄本,所以说清代建筑营造方面的文字资料是历代中最丰富的。在清政府的工程管理部门中特别设立了样式房及销算房,主管工程设计及核销经费,对提高宫殿官府工程的管理质量起了很大的作用。

所以说,无论是家居理念、木材处理、加工技术、良工名匠,还是做法规则,明清两代建筑与木艺的发展,都为中国实木地板技术在现代的真正普及打下了基础。

七、清末民国时期

木材烘干技术的出现,使实木地板的稳定性能得以进一步提升,同时客观上也推动了这一产品应用的普及。这一趋势演进到清代末期、民国时期,随着西风东渐,更成为一种时髦,当时无论是南京总统府(见图1-5),还是上海十里洋场的百乐门舞厅,都开始铺设实木地板,一时蔚为大观,风气大盛。然而相比于古代,近代的实木地板虽然有了很明显的进步,但是依然无法脱离由木工手工制作、安装的范畴,没有本质上的突破,不是工业化的成熟产品。

因此,当时实木地板的品质,除受材种限制外,更多地依赖于木工的技艺与责任心,其稳定性还远未达到可以让普通人放心使用的程度。当时,为了提高实木地板的可靠度,通常有两种处理方式:一种是在地面向下挖空,起砌砖制地龙(往往高度

图 1-5　南京总统府（清末建筑）

超过 1 m），并在地龙处做好通风防潮措施，以保证地面泥土层中的潮气不会侵入地板。然后在地龙之上铺设不等长、不等宽、规格较大（以保证地板的整体强度）的木材，用铁钉进行两端固定，并在表面饰以桐油等植物油脂。这种处理方式的优点是，安装后地板规格大，纹理清晰，颇有淳朴粗犷的自然之美，并使得江南潮湿地区的底楼也能安装实木地板。但缺点也很明显，那就是工程繁难，耗资巨大，清洁维护相当麻烦，需要专人负责，所以非巨富人家不能承受，缺乏普及的可能。

另外一种方式的成本则较为低廉，其采用窄木条作为地板的主体（在一定条件下地板宽度越窄，稳定性越好），以胶粘的方式固定于地面。然后在铺装完毕的地板上涂饰传统深色油漆进行封闭。这一方式的缺点是，地板宽度较小，缺乏尊贵感受，同时经深色油漆涂饰表面后，木质纹理浑浊难辨，几乎完全遮盖，实木地板自然本真的优美表现十不存一。相比于其缺点，其优点也是显而易见的，无须设置耗资巨大的砖制地龙，并且由于采用窄木条作为材料，相对放宽了实木地板对于木种稳定性和尺寸规格的要求，使材性稍逊或规格窄小的木料也能作为地板主材，极大地降低了成本。此外，胶水除作为黏合剂外，还一定程度地起到了隔绝地面潮气的作用，以维持地板含水率的相对稳定。板面的油漆连续涂饰，也一定程度地隔绝了空中的水分和生活溅水的渗透，日常的清洁维护同样要优于油饰的实木地板。正是基于安装成本和使用成本的优势，所以在进入民国时期后，这一地板安装处理方式开始成为主流。

在通过此类处理后，清代末期到民国时期的实木地板已经稍具现代产品的雏形，然而正因为没有技术上的重大突破和工业化生产条件，这些实木地板的稳定性问题依然存在。最为常见的就是，使用时间稍长就会开裂和起拱，并且日常走动时响声明显，经常需要维修。

第二节　现代实木地板的发展

中华人民共和国成立后,一度百废待兴,普通家庭的家装需求长期被抑制,导致实木地板技术未有明显提升,特别是20世纪60年代初,建设部曾下文在民间建筑禁止运用木地板,进一步限制了实木地板在国内的发展。直到改革开放之后,随着人民生活水平的日趋提高和20世纪80年代商品房的出现,实木地板率先成为新时期家装领域的主项,并由此拉开现代实木地板的历史。

一、发展初期:未经涂饰的地板块

20世纪80年代,伴随着改革开放大门的打开,实木地板作为时尚和高级生活的象征,也开始进入现代中国家庭。然而当时在市场上几乎没有成品实木地板出售,同时也缺乏进口大口径木材,所以可供利用制作实木地板的材料极为有限。在这种背景下,源自民国时期的做法,现代意义上的第一代实木地板多采用小口径的硬杂木、枝丫材作为原料,通过各种陈化工艺或改性干燥以提高木材稳定性后,将形成的木地板块粘贴于平整后的地面上。之后,在地板表面进行打磨、抛光、找平,再施以腻子进行填充,作用在于堵塞木材纤维导管的管道,以减少其吸收油漆的量,并可令漆饰后的地板光泽度提升。以上工序完成后,最终进行手工涂饰油漆(一般为不加色的清漆)。

第一代实木地板的优点主要是材料极其低廉,获取简单,并且可按照用户需求排列组合铺装成几何图案。但是这种地板往往极为耗费人工,同时制作施工周期很长,本质上属于近代实木地板向现代实木地板转变的过渡产品,不具备大范围推广的基础。此外,小径材的先天劣势,也导致其装饰表现不够简洁大气,与当时快速发展的中国家装审美趋势不相吻合。因此,这一实木地板形式存在的时间较短,在中国市场真正占据主流地位的时间不足10年。

虽然实木地板的发展进入到了现代,但第一代实木地板依然采用无榫胶粘,安装后打磨手工涂饰的工艺,没有经过严格的干燥、养生、平衡,加工精度、施工品质和后续维护均缺乏保证,所以长期使用仍然会开裂、变形,并且难以修复和重复使用,因此随着地板工业化时代的到来,第一代实木地板随即被第二代实木地板所替代。

二、发展中期:平扣/企口实木地板

20世纪90年代初期,由于受蓬勃发展的市场需求催生,中国现代地板产业开始萌芽。随后,中国市场上开始出现四周经机械加工成凹凸榫槽结构,背面开有抗变形槽,通

过龙骨与钉子进行安装固定的实木地板。

这种实木地板一般采用进口大口径硬木为原料,并经过了平衡养生处理,材质本身的物理表现较好,采用现代化木工设备进行开槽加工,产品精度高,板面平整高低差小,产品的使用体验相比第一代有较大提升。然而,这种实木地板的初期形态没有工业涂装的技术工序,用户购买安装后仍需自行打磨、涂饰,所以被俗称为"素板"。针对这一不足,中国地板行业迅速对其改进,采用 PU(聚氨酯涂料)辊涂或 UV(紫外光固化涂料)淋涂技术,在工厂即对地板进行工业化涂饰,使得实木地板的视觉体验和美观程度进一步提高。自此,以工业涂装、平扣(企口)连接、龙骨打钉安装为技术特征的第二代实木地板正式问世,见图1-6。

图1-6 实木地板实木复合地板

在铺装方式上,第二代实木地板主要采用木龙骨铺设的方法,其主要工序如下:

(1)铺设龙骨。

龙骨一般采用落叶松、柳、桉等握钉力较强的材种,根据规划中地板铺设的方向和长度,来确定龙骨铺设的位置(一般来说,每块地板至少需要搁在 3 条龙骨上,所以龙骨与龙骨间的距离通常不大于 350 mm)。然后,根据地面的实际情况明确电锤打眼的位置和间距。一般电锤打入深度约 25 mm 以上,如果采用射钉透过木龙骨进入混凝土,其深度必须大于 15 mm。当地面高度差过大时,应以垫木找平,先用射钉把垫木固定于混凝土基层,再用铁钉将木龙骨固定在垫木上。在安装时,需要注意的是:龙骨之间、龙骨与墙或其他地材间均应留出 5~10 mm 间距,以保证其缩胀的空间,龙骨端头应钉实。最后,铺设完毕的木龙骨应进行全面的平直度拉线和牢固性检查,检测合格后方可铺设地板。

(2)铺设实木地板。

在龙骨之上铺设毛地板和防潮膜后,即可开始地板安装。第二代实木地板的铺设一般是错位铺设。起始时,从墙面一侧留出 8～10 mm 的缝隙后,铺设第一排木地板,地板凸榫朝外,以螺纹钉把地板固定于毛地板(或木龙骨)上,此后逐块排紧钉牢。每块地板凡接触木龙骨的部位,均须用螺纹钉以 45°～60° 斜向钉入,地板钉的长度不得短于 25 mm。由于采用龙骨打钉安装,第二代实木地板始终处于固定状态,一旦膨胀极有可能出现起拱变形的情况,所以为给其留出缩胀空间,地板在安装时要根据材种的不同,在宽度方向上,每隔一片或两片,在相邻地板间通过插隔包装带或名片的方式设置伸缩缝。为使地板平直均匀,应每铺 3～5 块地板,即拉一次平直线,检查地板是否平直,以便于及时调整。

第二代平扣实木地板,极好地弥补了初代产品的很多缺陷和不足,最为关键的是,平扣实木地板除安装之外的其他工序都在工厂中以标准化、批量化的方式进行大规模生产,在品质提高的同时,成本明显下降,为大范围进入中国家庭提供了可能。所以,其面世后,迅速成为主流的高端地面铺设材料,不仅完全淘汰了第一代实木地板,更大量地抢占了瓷砖、马赛克、石材等硬质地材的份额,其国内年销售量一度攀升至 8 000 万 m^2。

平扣实木地板的出现,标志着实木地板进入工业化生产的时代,但是在追求极致的道路上,平扣实木地板还只是刚刚开始,还存在着很多不尽如人意的地方。例如,根据以上介绍,我们可以看出,首先,龙骨打钉的安装方式,除增加了地板安装费用外,还限定了地板的位置和缩胀范围,当室内湿度过高或过低时,将超越其承受能力,从而出现开裂、拔缝(地板与地板间彼此分离)或者起拱的问题;其次,龙骨部分的空隙往往会成为家中卫生清洁的死角,时间一久,可能成为虫蚁孳生与藏身之地;再次,因为钉子的存在和地板尺寸会随湿度变化的特点,在使用过程中,平扣实木地板的龙骨与地板、地板与钉子、龙骨与钉子等接触部位,会产生平整度变化和钉子松动等问题,进而因产生摩擦而出现响声,严重影响用户的体验度;最后,同样由于平扣实木地板是由钉子固定在龙骨上的,如果强行拆卸,就会造成损毁,因此平扣实木地板基本上属于一次性产品,不能拆卸重装。正因如此,在实际市场应用中发现,铺装了第二代平扣实木地板的家庭,如果家中一旦大面积漏水或者需要拆开地板对地面设施进行维修的话,就意味着地板报废。此外,业主搬家时即便地板使用状态良好、材种名贵,也不能拆卸带走使用到新居,造成优质木材浪费和用户的财产损失。因此,平扣实木地板实际的长期使用价值要远远小于理论的长期使用价值。相对于以上的缺点,第二代平扣实木地板的另一大不足就更为致命,直接导致了其由盛到衰,直接走向面临淘汰的边缘,那就是——不能被应用于地暖环境。

三、第三代实木地板:锁扣实木地板

1997 年,香港回归祖国;1999 年,澳门回归祖国。在全球准备迎接新世纪到来之际,在中国的经济面貌、民众的生活均欣欣向荣的时刻,实木地板行业也正在酝酿着一次新的技术革命。2000 年,"虎口榫"实木锁扣技术被成功发明,世界上首片锁扣型榫卯结构实木地板问世(见图1-7)。这一采用新技术方案的实木地板,在稳定性方面均大幅超越了第二代实木地板,各种性能指标十分出色,并获得了相关国家专利。锁扣型榫卯结构实木地板的诞生,不仅具有大幅提高实木地板稳定性方面的意义,更重要的是它还带来了免钉、免胶、免龙骨、免毛地板的便捷安装新方式,功能性和环境适应能力得到了空前的提升,实木地板首次具备了应用于包括地暖在内的各种环境的可能性。

图1-7 "虎口榫"锁扣铺装

锁扣型榫卯结构实木地板问世时,恰逢地暖在中国北方开始兴起。行业和客户几乎同时发现,这一产品在北方冬季低湿高温的地暖家庭有着良好的表现,不仅稳定,而且相比于硬质地材具有脚感舒适、亲肤怡人、调节室内小环境的优点;而与复合类地板比较,则因为实木地板是由整块原木制成,没有黏合剂,不会在地暖的烘烤下散发甲醛,所以室内空气清新,没有健康隐患,堪称地暖环境的最佳地材(见图1-8)。

图1-8 锁扣榫卯结构

第二章 实木地板的技术要求

第一节 实木地板标准

人们经常说的木地板通常是指用木材或以木材为原料制成的地板,包括实木地板、实木复合地板、浸渍纸层压木质地板(强化地板)等。实木地板是用实木直接加工成的地板,是天然木材经烘干、加工后形成的地面装饰材料,又名原木地板。目前关于实木地板的国际国内标准较多,有质量标准、技术标准、产品标准、有害物限量等,下面提供15个实木地板的国际标准和12个中国有关木地板的标准,供读者参考(文中引用时,均略去标准号)。

国际标准:

ISO 631《镶拼地板——一般规格》

ISO 1072《镶拼地板——一般特征》

ISO R 1324《栎木地板条分级》

ISO 2036《制造地板用木材——树种标志》

ISO 2457《硬木地板——山毛榉属地板条分级》

ISO 3397《地板——山毛榉属地板条分级》

ISO 3398《阔叶树材粗制镶拼地板块——通用指标》

ISO 3399《阔叶树材粗制镶拼地板块——山毛榉属镶拼地板块分级》

ISO 5321《针叶树材粗制镶拼地板块——通用指标》

ISO 5326《实木铺地木块、软木铺地地板——质量要求》

ISO 5327《实木铺地木块、软木铺地地板——通用指标》

ISO 5328《实木镶拼地板木块、软木铺地地板——质量要求》

ISO 5329《铺地地板——名词解释》

ISO 5333《针叶树材粗制镶拼地板块——冷杉属及云杉属地板块分级》

ISO 5334《实木铺地地板——海岸松板条分级》

中国标准:

GB/T 15036.1—2018《实木地板——第1部分:技术要求》

GB/T 18102—2007《浸渍纸层压木质地板》

GB/T 18103—2013《实木复合地板》

GB 18580—2017《室内装饰装修材料——人造板及其制品中甲醛释放限量》

GB 18581—2009《室内装饰装修材料——溶剂型木器涂料中有害物质限量》

GB 18583—2008《室内装饰装修材料——胶粘剂中的有害物质限量》

GB/T 11718—2009《中密度纤维板》

LY/T 1330—2011《抗静电木质活动地板》

GB/T 20240—2006《竹地板》

WB/T 1016—2002《木地板铺设面层验收规范》

WB/T 1017—2006《木地板保修期内面层验收规范》

木质地板按承重情况分为重载地板（要求木材重、强度大，用于工厂、仓库）和轻载地板。按使用功能要求分为体育地板（用于球场等运动场地）、地热地板（主要用于室内）。按使用环境分为室内和室外用地板（室内还分为民用居室地板及兼重载和装饰的公共场所的大礼堂、旅馆、舞台等）。按地板块式样分为条板地板、宽板地板、块状地板、拼花地板和竖直木地板。其中，条板地板指板宽 < 10 cm 的地板；宽板地板指板宽 > 10 cm 的地板；块状地板指地板块长宽比不大的地板；拼花地板指用一定大小的木块，根据木材的花纹图案人工拼花而成的地板（可以参阅国际实木地板标准中的镶拼地板标准，即 ISO 631 及 ISO 1072）。按地板受力面分为竖立地板（指用一定长短和大小的木块竖立直放，即木纹垂直于地面，密集排列，主要用于承受特殊载重）和横卧地板（木纹平行于地面）。民用室内实木地板一般宽为 4 ~ 6 cm/9 cm，厚 2 cm，长 15 ~ 38 cm，包括企口地板、平口地板和拼花地板等。按加工制作情况分为实木地板、实木复合地板（包括三层、多层实木复合，指接地板，集成材地板）、浸渍纸层压木质地板（强化木地板）。另外，还有用树皮制作的软木地板（主要来自栓皮栎 Quercus variabilis，商品名 Oriental oak）和木材关系密切的竹地板（因为竹子也是植物）。

对一些木材的物理力学性质不适合制作地板者，有注入松香或石蜡等来增强地板表面磨损和破坏的抵抗力的；也有将低质木材制作塑合木（WPC）地板，以增强耐磨损的性能和尺寸稳定；或者制作高级木板（如青冈、麻栎、槲栎、水青冈、桦木、槭木等类的树种）复面地板，即以纤维板或刨花板为基材，浸渍饰面层压贴面的复合地板（市场上俗称强化地板）。凡此种种都是综合利用木材的产品，既节约林木资源，还具有强度高、尺寸稳定、价格便宜、外观整体性强等优点；但脚感欠佳，尚有来自胶黏剂中不等量的有害游离甲醛和遇水或高湿环境中有剥离现象的缺点。

实木地板是居室装饰较为理想的材料。因其无毒、无害、无污染，隔热、隔音，外观视觉好，触觉（脚感）有弹性，与其他实木家具等材料在一起，还有一定的调温和调湿作用

（木材量愈多,作用愈大）。国家标准《实木地板》所指的是居室内的实木地板,本书主要讲的也是用在居室内的实木地板。

第二节　实木地板的生产工艺

实木地板从原木到成品,其间加工工序繁多,使用机械种类也十分丰富,不同种类、型号的木工机械相互配合即可形成各具特色的实木地板加工生产线。尽管不同厂家使用的生产设备不同,但总体遵循的生产工艺不变。

实木地板生产工艺流程图如图 2-1 所示。

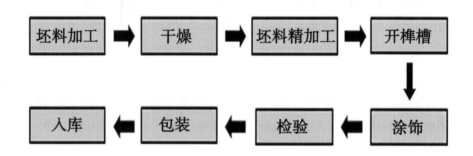

图 2-1　实木地板生产工艺流程

一、通用工艺流程

实木地板的生产主要分为三个阶段:一是初步制材,二是素板加工,三是地板涂装。三个阶段对木材的处理方式不同,因而所采用的木工机械也不尽相同。

二、工艺过程及相关设备

(一)初步制材

初步制材是指利用木工锯机对原木进行剖料、剖分、裁边、截断等操作,使原木按照预定步骤形成生产地板专用的锯材(见图 2-2、图 2-3),并对锯材进行干燥处理以及恒温条件下消除木材内部应力(养生)的过程。这一阶段主要使用的木工机械为锯机。为了提高工作效率,在大批量生产中多采用机械进给的锯机,其中尤以跑车带锯机为代表。

1.跑车带锯机的用途、结构及工作原理

实木地板生产加工过程中,跑车带锯机的主要作用是将原木按照地板规格尺寸和木材干缩特性锯切成供后续生产使用的锯材。

带锯机是以封闭无端的带锯条张紧在回转的两个锯轮上,使其沿一个方向连续匀速运动,而实现锯割木料的机床。主要由床身、锯轮、上锯轮升降和仰俯装置、带锯条张紧装置、锯条导向装置、工作台、导向板等组成。床身由铸铁或钢板焊接制成。所谓跑车带锯机,是指带有夹持原木向带锯条做进给运动的送材车的带锯机。

图 2-2 原木

图 2-3 锯材

2. 跑车带锯机的选型及性能特性

跑车带锯机按照自动化程度可分为三类:自动跑车木工带锯机、半自动跑车木工带锯机和普通跑车木工带锯机。自动跑车木工带锯机是一种自动化程度较高的自动控制设备,由操纵者集中控制液压系统的卡木钩升降、车上自动翻料和微调机构;跑车行走的速度由变频调速控制。该锯机操作简便,控制平稳,能够制造精度较高的锯材,但由于价格较高,故常用于机械化水平、制材精度要求高的企业。

（二）素板加工

素板加工阶段是木材将原木加工成素板过渡的重要阶段,加工水平的好坏以及工艺流程的安排将直接影响素板的生产质量和后期的涂装作业。

素板的制成有三个主要步骤:毛板(见图2-4)粗加工、光板分选以及素板的制造。三者中毛板粗加工和素板的制造分别具有特定的工序。

图2-4　地板毛板

毛板粗加工工序为:端头锯切→上下表面压刨→修边。

素板的制造工序则为:正面砂光→双端铣开横向榫、槽→四面刨开纵向榫、槽。

由于光板分选是指对板材的缺陷、颜色、尺寸等要素进行选择分类,而非直接对木材进行机械性的加工处理,在此就不讨论光板分选阶段所用的设备。因此,毛板粗加工和素板的制造所用设备分别对应为木工圆锯机(端头锯切)、双面刨(上下表面压刨)、四面刨(修边、开纵向榫、槽)、双面开榫机(开横向榫、槽)和砂光机(砂光处理)。

1.木工圆锯机

由于木械圆锯机(见图2-5)具有工作效率高、重量轻、维修方便等特点,在实木地板生产过程中常被用于截去板材端头腐朽、端裂等主要缺陷,并使板材在长度方向上符合实木地板规格的预定长度。但其因为存在锯路宽、出材率低的问题,实际生产中逐步被气动截料锯等其他类型锯机所替代。

2.双面刨、四面刨

双面刨床和四面刨床都是由切削机构、压紧装置、进给机构、传动机构、工作台、床身

图 2-5　木工圆锯机

和操纵机构等组成的(见图 2-6)。但与单面木工刨床相比,双面刨具有两根按上、下顺序排列的刀轴,两根刀轴按上、下排列的顺序可分为先平后压(先下后上)和先压后平(先上后下)两种类型,而四面刨刀轴一般为 4~6 根,也可多达 8~10 根,这些刀轴分别布置在被加工工件的四面。性能上,两类刨床均采用机械进料,进给速度较高,故生产效率高,适用于大批量生产。

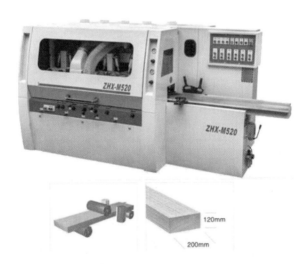

图 2-6　四面刨床

3. 双面开榫机(双端铣)

双面开榫机又称双端铣,可用于截头、裁边、铣平面、开榫(直榫、燕尾榫、指接榫)、开槽、铣削斜榫、倒棱和成型边加工等多种作业。由于双面开榫机具有两组锯切和铣削刀架,因此一次铣削可在两个成形面上同时铣出对称的榫、槽结构,极大地提高了实木地板生产的工作效率,也改善了单面开榫机两次在板材相对表面上铣削榫、槽造成的定位不精确及精度不高的问题。

4.宽带砂光机

木工砂光机是一类通过砂布或砂纸加工木质零件的表面,以提高零件表面的光洁度的机械。利用宽带砂光机对板材进行砂光的意义在于:一是提高板材表面的光洁度,二是将磨砂面作为进一步加工的基准面。

性能上,宽带砂光机不仅能提高外观质量,而且具有效率高、能保证加工精度、砂带更换简单等优点,故已成为当今木材加工业特别是实木地板加工业广泛采用的加工设备。

(三)地板涂装

实木地板的涂装是除素板加工阶段之外的另一个重要阶段,涂装设备和涂装工艺的选择直接影响实木地板成品的美学价值和质量。经过涂饰后的木地板,既可以增加地板的装饰效果,又可使地板表面受到保护,延长地板的使用寿命。

由于实木地板板料材质丰富多样,涂装作业常用的地板涂料也不相同,因此地板涂装并没有固定的加工工序,实木地板生产企业往往根据使用木料的材质、涂料的种类、预期的工艺水准等因素采用不同的加工工艺,实际生产中涂装作业呈现为一条固定的加工生产线(见图2-7)。

图2-7 实木地板生产线

尽管地板涂装工艺不同,加工所用的机械设备也不相同,但总体上,涂装过程所用的机械仍然可以划分为四类:喷漆设备、辊涂设备、淋涂设备及辅助设备。

1. 喷漆设备

木工表面喷涂设备主要分为三类:气压喷漆设备、静电喷漆设备和无气压喷漆设备。

(1)气压喷漆是利用压缩空气高速喷出,将涂料雾化喷到工件表面,形成连续漆膜,达到工件表面涂饰效果的一种涂饰方法。气压喷漆形式上分为常温空气喷漆和加热空气喷漆。通常情况下,喷涂作业要求涂料有较低黏度,常温喷涂时常通过向涂料加入稀释剂的方法降低黏度,但往往致使涂料固体含量低,一次喷漆所得漆膜薄,同时又造成稀释剂的大量耗费。加热空气喷漆设备通过对涂料的预温加热,能有效降低涂料的黏度,但较之常温空气喷漆设备,加热空气喷漆设备需配备单独的加热器,造成了喷漆设备结构的复杂性。

(2)静电喷漆是利用静电原理,使涂料带负电、制品带正点,在电场力的作用下(辅以机械力),带负电荷的涂料雾粒子就向异级性制品表面运动,被吸附并沉积于制品表面上,形成一层均匀致密的漆膜。

静电喷漆具有多项优点:第一,生产效率高,劳动条件好,能够彻底摆脱手工喷漆的繁重劳动,尤其适于大规模流水线作业;第二,漆膜质量高,附着力好,尤其是漆膜均匀、光洁;第三,节约油漆,较手工喷漆节约量达60%左右。

(3)无气压喷漆同气压喷漆类似,但工作原理不同。无气压喷枪是用压缩空气做动力源,但不参加雾化,不与涂料一起从喷嘴中喷出。它是使用一个柱塞式或隔膜式泵将需雾化的涂料吸入后,再从一个特别的喷嘴喷出。因此,气压喷漆喷出的为压缩空气雾化后的涂料,无气压喷漆则是依靠压力直接喷漆。无气压喷漆较之气压喷漆,涂料有效地被雾化成微粒状,从而消除了喷雾面模糊不均、起泡等问题,实现了生产的高效化、高质量化与低消耗化。

2. 辊涂设备

辊涂机是辊涂设备中的主要设备之一,它是用一组以上的回转辊筒把一定量的涂料涂布到平面状材料上的装置。实木地板生产过程中,辊涂机常用以涂装地板正面。其具有油漆损耗小、生产效率高、维护简单方便,可以与流水线很好的对接,组成自动化程度较高的生产线等优点(见图2-8)。

3. 淋涂设备

淋涂是将涂料储存于高位槽中,通过喷嘴或窄缝从上方淋下,呈帘幕状淋在由传送装置带动的被涂物上,形成均匀涂膜,多余的涂料流回容器,通过泵送到高位槽循环使用的涂漆方法。基于淋涂方式,典型的设备如淋漆机,淋漆机根据其用途分为三类:平面淋漆机、方料淋漆机和封边淋漆机。实木地板生产过程中所用的淋漆机为平面淋漆机。淋漆

图 2-8 木地板辊涂

机淋涂板材有利于漆料的高效循环使用,但要保证所得漆膜的表面均匀平整,需要严格控制好传送带的速度和平稳性。

4.辅助设备

所谓辅助设备,即指除直接用于给板材上漆设备外的机械设备。实木地板涂装作业中的辅助设备主要有清扫机、染色机、腻子机等,它们和喷漆、辊涂、淋涂设备组成各种工艺生产线。

清扫机又称刷尘机,是用于实木地板表面的尘土、砂光粉尘、锯屑等细小尘埃杂质的清除设备;染色机用于将板材平面的表面染成所需的颜色;腻子机则用于填平板材表面的凹陷、空隙、木材鬃眼等,以提高板材表面的平整度,在涂底漆或面漆时有一个更光滑严整的表面,避免产生气泡、塌陷等缺陷。

实木地板的生产是一个复杂的工艺生产过程,其质量、性能的好坏依赖于良好的工艺规程,而工艺规程的实施需要从各种木工机械的合理组合中得到支持。

第三节　实木地板出厂检验与包装

一、外观质量

成品地板外观质量按标准要求,要分批次,实施片检;对规格尺寸(加工精度)实施拼装检验。

二、理化性能

实木地板的理化性能检测项目为含水率、漆膜附着力、漆膜硬度、漆膜表面耐磨、漆膜表面耐污染性和油漆重金属含量（色漆），共6项。

（一）含水率

含水率是影响地板尺寸稳定性的关键性指标，生产过程中的含水率检测至关重要。在生产过程中，可以采用木材含水率速测仪进行快速测定，但最终还要用定期与绝干法含水率进行比对，校准。电子天平见图2-9。在销售时产品质量的判断应依据国家标准。国家标准中对含水率的规定是：含水率≥6.0%，且≤我国各使用地区（销售地区）木材平衡含水率（见附录1我国各省（区）、直辖市木材平衡含水率表）。

图2-9　电子天平

（二）漆膜附着力

地板漆膜涂层与地板表面之间，或涂层与涂层之间的相互结合的能力称为漆膜附着力，其大小直接影响地板使用寿命。

漆膜附着力的测定，一般需要专用的工具，带有一定切削角度的多角式刀头，比如划格器（见图2-10）等。测试方法：采用划格器在已涂饰的地板表面上采用直角交叉式划割（注意切割不宜采用顺木材纹理方向）。

在划切后，再以胶粘带粘贴其表面，以均衡速度向上将胶粘带拉离，应用刷子清除表面碎物，查看经划过的表面结果（见图2-11），按表2-1检查判断。

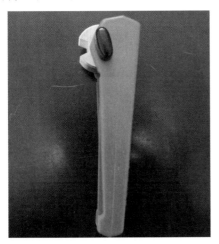

图2-10　划格器

图2-11　测试样品图

国家标准规定合格品不得低于3级。

表 2-1　漆膜附着力测定

分级	说明	发生脱落的十字交叉切割区的表面外观（以六条平行切割线为例）
0	切割边缘完全光滑,无一格脱落	—
1	在切割交叉处有少许漆膜脱落。交叉切割面积受影响不能大于5%	
2	切割边缘和/或交叉处有漆膜脱落。受影响的切割面积大于5%,但小于15%	
3	漆膜沿切割边缘部分或全部以大碎片脱落。且/或在格子不同部位部分或全部脱落。受影响切割面积大于15%、小于35%	
4	漆膜沿切割边缘大碎片脱落且/或在一些格子部分或全部脱落。受影响切割面积大于35%、小于65%	
5	超过等级5的任何程度的脱落	—

（三）漆模硬度

地板在使用过程中可能会受到外力的摩擦与撞击,因此要求涂膜应具有一定的硬度,但漆膜硬度并非越硬越好,过硬的涂膜易脆裂。漆膜硬度是表示漆膜机械强度重要性能之一。

测试方法:可用铅笔法测定漆膜硬度。将铅笔置于铅笔硬度计内,在 750 g 的负载下,以 45°夹角向下压在漆膜表面上。在平整的地板漆膜表面以一定的速度向前推移一段距离,检查地板漆膜表面是否有压痕、漆膜擦伤或刮破,如果没有,继续更换硬度更大的铅笔,直到漆膜表面出现压痕、漆膜擦伤或刮破,记录下该铅笔的硬度编号,作为漆膜硬度。也可采用手工推动的方法,参照上文进行操作。国家标准规定要≥1H。

（四）漆膜表面耐磨

地板表面的耐磨性能反映漆膜对外来机械摩擦作用的抵抗力。是漆膜硬度、附着力和内聚力的综合体现,直接关系到地板的耐用性能和装饰效果。

测试方法:将地板试件(见图2-12)称量后安装在磨耗试验仪(见图2-13)上,采用黏附180目砂布的研磨轮,在每个接触面受力(4.9±0.2)N条件下研磨100转,测量研磨后的重量,计算重量差,即为磨耗值;同时在试件上涂以少许彩色墨水,并迅速用水冲洗或用纸擦去,判定漆膜是否磨透。

国家标准要求:漆膜磨耗值≤0.12 g/100 r,且漆膜未磨透。

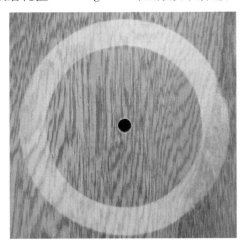

图2-12　磨耗试件图

图2-13　磨耗仪

(五)漆膜表面耐污染

漆膜表面耐污染性指漆膜表面抵抗外来颗粒、粉尘,或有色的液体、腐蚀性物体的污染破坏而保持不变色的能力。常见的污染物质有墨水、咖啡、鞋油,以及部分化学物质如丙酮、双氧水等。

测定方法:采用常见的污染物质如墨水、咖啡、鞋油,以及部分化学物质如丙酮、双氧水等涂在试件表面,分别处理一段时间后,观察试件油漆表面,是否有颜色变化,或鼓泡、变形等污染痕迹。

国家标准规定:不允许有污染痕迹。

三、包装、标志与运输

(一)包装

产品出厂时应按类别、规格、等级分别密封包装,包装时应保证产品免受磕碰、压伤、划伤和污染,对包装有特殊要求时,可由供需双方商定。

(二)标志

产品包装箱应印有或贴有且不易脱落的标志,有完整产品信息,用中文注明厂名、厂址、产品名称、规格、数量(m²)、产品等级、执行标准、生产日期或批号、木材名称(拉丁名)或流通商品名、涂饰方式等,非平面实木地板应在外包装上注明。

(三)运输

产品在运输和储存过程中应平整堆放,防止污损、潮湿、雨淋,防水、防火、防虫蛀。

第四节　实木地板产品质量

实木地板的质量,一是木材的天然缺陷的有无和大小,二是锯材加工质量。对天然木材缺陷(如木节、树脂囊及蛀孔、腐朽等)和不耐腐、不抗虫的木材须用药剂处理,在南方还特别要注意防白蚁药剂的处理,大旅馆、大礼堂所用者,尚须进行防火处理。

在加工质量方面,国家标准《实木地板 第1部分:技术要求》对实木地板质量做了规定,把天然缺陷和锯材加工质量合称为木材质量的外观缺陷,分为优等品、一等品及合格品,并从表面、背面以不同的标准来检验。

实木地板对木质材质的要求,在强度方面主要是抗表面磨损的硬度与破坏的能力,抗弯、抗剪;其次为顺纹抗压和横纹抗压强度。关于实木地板的力学强度,用于居室内,载重不大,且又置于木龙骨之上,所以对力学强度要求不太高。因木材的密度与力学强度有关,又比力学强度简单和适用,按国家标准《实木地板》规定使用材树种/类的木材气干密度不低于 0.35 g/cm^3(针叶树材)和 0.50 g/cm^3(阔叶树材)。木材的力学强度可用木材密度数据来计算。特别是要知道木材具体力学强度的数据,又不方便查询时,可用木材的密度来推算。

为把地板条缝隙降至最小,如有可能,应选用干材尺寸稳定性优良的树种。木材的尺寸稳定性的高低固然重要,同时木材的干缩系数(表明木材收缩的大小)也很重要。其干缩虽然不能用气干材干缩率(干缩系数)来表示,但总的趋势相同。即气干材胀缩的大小,可以用干缩系数的大小来衡量。也就是说,干缩系数小的其膨胀也小;干缩系数大的其膨胀也大。为防止地板在使用中随空气湿度变化而胀缩,除选用干材尺寸稳定性优良的树种外,还应在地板表面上涂漆等保护层。因为木材的吸湿性与其面积大小有关,如有可能在背面(可不要耐磨材料)和企口上最好也能涂漆。经验证明,木材经蒸煮或浸泡,使亲水性的糖类溶出,再高温高湿干燥,也可使木材胀缩变小,增强尺寸稳定性。

一、实木地板等级

实木地板按照表面特征分为平面实木地板和非平面实木地板,其中平面实木地板按照外观质量、物理性能可分为优等品、合格品,非平面实木地板是不分等级的。

二、实木地板的加工精度

实木地板的加工精度,在木地板开箱后可随机取出 10 片地板在平地上进行铺装,用手摸和目测的方法观察相邻两块地板之间的拼装缝隙和地板表面之间的高度差;榫槽是否光滑、饱满。根据国家相关标准要求:实木地板的拼装离缝最大值应≤0.30 mm;拼装高度差最大值应≤0.20 mm。若木地板铺装严丝合缝手感无明显高度差即可。

三、实木地板的常见缺陷

木地板由木材加工而成,作为基材的天然木材所存在的各种缺陷,会影响地板的美观和使用寿命。观察地板是否为同一树种,板面是否开裂、腐朽、夹皮、死节、虫眼等材质缺陷。另外,由于不同环境下生长的木材,甚至同一棵树的不同部位其纹理、色泽都是不一样的。所以通常实木地板都会有节子和一定的色差,这是由木材的自然属性所决定的,因此对色差和节子不可过于苛求。优等品实木地板表面不允许有:死节、蛀孔、裂纹、腐朽、缺棱、加工波纹、髓斑和树脂囊。非平面实木地板的火节、死节、蛀孔、表面裂纹、加工波纹不作要求(见表 2-2)。

四、实木地板的理化性能

实木地板的物理性能主要包括含水率、漆膜表面耐磨、漆膜附着力、以及漆膜硬度等指标。2018 版的新标准又增加了漆膜表面耐污染以及色漆中重金属含量等指标。

非平面实木地板、未涂饰实木地板、油饰实木地板漆膜表面耐磨、漆膜附着力、漆膜硬度、漆膜表面耐污染不做要求。

表 2-2 外观质量要求

名称	正面		背面
	优等品	合格品	
活节	直径≤15 mm 不计,15 mm<直径<50 mm,地板长度≤760 mm,≤1 个;760 mm<地板长度≤1 200 mm,≤3 个;地板长度>1 200 mm,5 个	直径≤50 mm,个数不限	不限
死节	应修补,直径≤5 mm,地板长度≤760 mm,≤1 个;760 mm<地板长度≤1 200 mm,≤3 个;地板长度>1 200 mm,≤5 个	应修补,直径≤10 mm,地板长度≤760 mm,≤2 个;地板长度>760 mm,≤5 个	应修补,不限尺寸或数量
蛀孔	应修补,直径≤1 mm,地板长度≤760 mm,≤3 个;地板长度>760 mm,≤5 个	应修补,直径≤2 mm,地板长度≤760 mm,≤5 个;地板长度>760 mm,≤10 个	应修补,直径≤3 mm,个数≤15 个
表面裂纹	应修补,裂长≤长度的 15%,裂宽≤0.50 mm,条数≤2 条	应修补,裂长≤长度的 20%,裂宽≤1.0 mm,条数≤3 条	应修补,裂长≤长度的 20%,裂宽≤2.0 mm,条数≤3 条
树脂囊	不得有	长度≤10 mm,宽度≤2 mm,≤2 个	不限
髓斑	不得有	不限	不限
腐朽	不得有		腐朽面积≤20%,不剥落,也不能捻成粉末
缺棱	不得有		长度≤地板长度的 30%,宽度≤地板宽度的 20%
加工波纹	不得有	不明显	不限
榫舌残缺	不得有	缺榫长度≤地板总长度的 15%,且缺榫宽度不超过榫舌宽度的 1/3	
漆膜划痕	不得有	不明显	—

续表2-2

名称	正面		背面
	优等品	合格品	
漆膜鼓泡	不得有		—
漏漆	不得有		—
漆膜皱皮	不得有		—
漆膜上针孔	不得有	直径≤0.5 mm，≤3 个	
漆膜粒子	长度≤760 mm，≤1 个 长度>760 mm，≤2 个	长度≤760 mm，≤3 个 长度>760 mm，≤5 个	—

注：1. 在自然光或光照度 300～600 lx 范围内的近似自然光（例如 40 W 日光灯）下，视距为 700～1 000 m 内，目测不能清晰地观察到的缺陷即为不明显。

2. 非平面地板的活节、死节、蛀孔、表面裂纹、加工波纹不作要求。

（一）含水率

实木地板与木材含水率关系密切，所以无论是制造商、经销商还是消费者，都应给予极大的关注。关键是合理干燥木材。一般规定，地板的含水率为 8%～10%，但最高不得超过 12%。由于中国地域辽阔，南北地理气候有所偏差，不同地区含水率要求均不同，通常市场正规的木地板经销商、专卖店都应配备有含水率测定仪，可参考我国 55 个城市的木材含水率估算值表。以使用地的平衡含水率为准。

（二）漆膜表面耐磨

对于地板来说，抗摩擦能力，即地板表面耐磨损于接触人脚或物体移动的摩擦力，是至关重要的。目前地板用的涂料面漆中大多使用很抗磨的三氧化二铝、氧化铝颗粒，这大大地增加了木地板的耐磨性。所以，木材本身的耐磨性已经不是那么重要了。应该注意的是氧化铝的用量，多了影响面漆对木材的附着力，少了又影响木材的抗磨性（见表2-3）。

实木地板是加工的锯材，木材本身的天然缺陷暴露无遗；且因地板块很多，检验很费时费事。例如地板通常长 1 200、1 050、909、900、758、600、450 mm，宽 90、92、95、120、123、125 mm，如果 100 m² 的房间，约有 1 000 块要检查。所以，要在铺设前开箱检查，并首先检查正面的死节、腐朽、漆膜和缺棱等缺陷。木材的天然缺陷主要是木节，木节影响木材的力学强度。其活节是与木材结构连接在一起的，具有一定的美观性；但死节与木材结构无连接，只是一个空洞，影响木材的力学强度和美观。腐朽和缺棱不仅是外观不雅，实质上已不是正常木材。同时，对锯材加工的质量，如缺棱、长宽厚的加工精度、尺寸偏差及加工波痕等也要注意。木地板制品加工时在条件许可下,应尽可能锯切与年轮方向成45°～90°角的径锯板。

表2-3　理化性能要求

检验项目		单位	优等品	合格品
含水率		%	6.0≤含水率≤我国各使用地区的木材平衡含水率	
			同批地板试样间平均含水率最大值与最小值之差不得超过3.0,且同一板内含水率最大值与最小值之差不得超过2.5	
漆膜表面耐磨		—	≤0.08 g/100 r,且漆膜未磨透	≤0.12 g/100 r,且漆膜未磨透
漆膜附着力		级	≤1	≤3
漆膜硬度		—	≥H	
漆膜表面耐污染		—	无污染痕迹	
重金属含量（限色漆）	可溶性铅	mg/kg	≤30	
	可溶性镉	mg/kg	≤25	
	可溶性铬	mg/kg	≤20	
	可溶性汞	mg/kg	≤20	

考虑木地板的干材尺寸稳定性优良,特别是在大气相对湿度高的季节铺装时应紧拼,以避免日后企口板间缝隙过大。对干材尺寸稳定性优良的树种,也可考虑减小地板的企口,以提高木材的出材率。不要一味地追求地板的长、宽和面积宽大,因为这既费钱、费木材资源,效果也并不理想。

第五节　实木地板铺装和验收

实木地板的铺装,首要的是地面要平整、干燥,木龙骨也要经过合理干燥。同时还应注意:合格地板铺在干燥不到位的龙骨上,会使地板变形;有时为了增加净空高度,铺在大芯板等人造板上(这类人造板因干燥困难,影响成本,特别是杨木,故很少干燥到位),也会使地板变形。为了减小地板间的离缝(间隙),有人主张把地板铺在龙骨上,先不用钉固定,待经过冬夏季节后,再进行正式固定;我们知道木材的胀缩性有一年比一年小的特性,这种想法是可行的,事实上,地板只要在生产时合理干燥并考虑到使用地的平衡含水率,如果木材本身的干材尺寸稳定,地板的质量是令人满意的。

　　木地板的铺装、验收和使用应符合国家标准《木质地板铺装、验收和使用规范》(GB/T 20238—2018)的规定(见附录9)。

　　地板的铺装应在地面隐蔽工程、吊顶工程、墙面工程、水电工程完成并验收后进行,以避免交叉施工对地板造成损坏,影响地板安装质量和安装效果。为减少不必要的麻烦,前期的准备于检查十分必要。"三分地板,七分安装",实木地板的铺装是极其重要的环节,不仅直接影响着地板的质量,而且对地板铺设后的整体效果和使用寿命影响很大。为了能更好地体现实木地板的铺装质量和使用效果,需要重视安装环节(见图2-14)。

图2-14　实木地板铺装

一、前期准备

（一）前期的沟通

确认地板的安装区域；门套线、门槛石等高度的预留；门的下沿和待安装的地板（或扣条）间预留不小于 3 mm 的间隙，确保地板铺装后，门能自由开启；防水处理方案以及地板的铺设方法、工艺步骤、基层材料等。

（二）地面条件的检查

（1）地面平整。检查地面平整度，用 2 m 靠尺检验地面平整度，靠尺与地面的最大弦高应≤3 mm；墙面同地面的阴角处在 200 mm 内应相互垂直、平整。凡地面平整度不合格的，需要通过对低凹处补平，对凸起过高的区域进行处理，要予以整改合格。由于地面的不平整，可能会导致悬浮铺装的地板处于悬空状态，导致响声过大、锁扣部位损坏或拔缝等状况的发生。

（2）地面含水率。地面干燥程度必须达到或低于当地平衡湿度和含水率，一般要求地面含水率应≤10%。与土壤相邻的地面（如底层或地下室），应进行防潮层施工。地面含水率超标，需要进行烘烤地面的操作或加强防潮措施。

（3）拟铺装区域应有效隔离水源，防止由水源处（如暖气管道、厨房、卫生间等）向拟铺装区域渗漏。

二、铺装前准备

（一）地面检查

（1）彻底清理地面，确保地面无沙粒、无浮土、无明显突出物和施工废弃物等。

（2）复核地面的含水率和地面平整度。

（3）根据用户房屋已铺设的管道、线路布置情况，标明各管道、线路的位置，以便于施工。

（二）防潮地垫铺设

防潮垫铺设要求平整地铺满整个铺设地面，其幅宽接缝处塑料膜应搭接 200 mm 以上并用胶带粘接严实，墙角处翻起高度≥50 mm。

三、地板铺装

（1）地板铺装方案、铺装方向确认。一般来说，地板铺设的方向应顺光；狭长过道地板安装以顺墙方向可以获得较好的视觉效果。在铺设前或遇到不规则房型时，应向用户讲明各种铺设方向的效果。

（2）地板试铺。试验地板颜色的深浅和拼装高度，确保整体视觉效果。

（3）预留伸缩缝。地板与墙及地面固定物间应加入一定厚度的垫片，使地板与墙面保持一定的距离作为伸缩缝（≥8 mm）。

（4）地板铺装。先进行长边的拼接，再进行短边的铺装。如采用错缝铺装方式，长度方向相邻两排地板端头拼缝间距应≥100 mm。

（5）切割地板。为保护室内环境，应采用无尘切割。切割地板要在楼道、阳台上进行，避免在室内、过道，尤其是已经安装的地板上切割，避免对地板造成意外损伤。

（6）防潮处理。地板的切割面应进行封蜡防潮处理。

（7）设置伸缩缝。沿地板长度方向铺装超过8 m，或沿地板宽度方向铺装超过5 m；应在适当位置进行隔断预留伸缩缝，并用扣条过渡。房间门口处，宜设置伸缩缝，并用扣条过渡。扣条的安装要求与门套垂直，且安装稳固。

由于木材具有干缩湿涨的特性，伸缩缝的预留及合理的分割极为重要。伸缩缝应根据铺装时的环境温湿度状况、地板的含水率、木材材性、以及铺设面积情况合理确定，使用地区的平衡含水率。

地板与其他地面材料（墙体、柱子、管道、落地家具、壁橱、门套、楼梯、移门等）衔接处，宜设置伸缩缝，并安装扣条过渡。扣条应安装稳固。

（8）安装踢脚线、平压线。需将垫片取出；踢脚线两端应接缝严密，高度一致；踢脚线上的钉子眼应用同色的腻子修补。在过于干燥或潮湿的季节，建议地板铺装后养生7～15天再进行收尾和踢脚线、扣条安装。

（9）铺装完毕后，铺装人员要全面清扫施工现场，并全面检查地板的铺装质量。

四、竣工验收

（一）验收时间

地板铺装完工后三日内验收。

（二）验收要点

（1）靠近门口处，宜设置伸缩缝，并用扣条过渡，门扇底部与扣条间隙≥3 mm，门扇应开闭自如。扣条应安装稳固。

（2）地板表面应洁净、平整。地板外观质量应符合产品标准要求。

（3）地板铺设应牢固、不松动，踩踏无明显异响。

（4）铺装宽度≥5 m，铺装长度≥8 m时，应有合理间隔措施，设置伸缩缝，并用扣条过渡。

（三）地板面层质量验收

（1）表面平整度≤3.0 mm/2m。

（2）拼装高度差≤0.6 mm。

（3）拼装离缝≤0.8 mm。

（4）地板与墙及地面固定物间的间隙 8~30 mm。

（5）漆面无损伤、无明显划痕。

（6）主要行走区域无异响。

（四）踢脚线安装质量验收。

（1）踢脚线与门框的间隙≤2.0 mm。

（2）踢脚线拼缝间隙≤1.0 mm。

（3）踢脚线与地板表面的间隙≤3.0 mm。

（4）同一面墙踢脚线上沿直度≤3.0 mm^2/m。

（5）踢脚线接口高度差≤1.0 mm。

（五）总体要求

地板铺设竣工后，铺装单位与用户双方应在规定的验收期限内进行验收，对铺设总体质量、服务质量等予以评定，并办理验收手续。铺装单位应出具保修卡，承诺地板保修期内义务。

第六节 实木地板选购、维护及保养

一、实木地板的选购

实木地板同其他地板相比价格较高，选购时要仔细。以下几方面供消费者选购时参考：

（1）选材。实木地板可选用的树材很多，由于其材质不同，性能各异，价格的差异也很大。目前市场上存在地板木材名称不统一现象，常常误导消费者。为此，在购买时应特别注意其标注的树木拉丁名，对照第三章的树种名称核实对应的木材名称，确定是否是自己要选购的地板树材。

（2）纹理、色泽。实木地板纹理应清晰，色调自然，材质肉眼可见。如果表面颜色很深且漆层较厚，纹理不清，应注意是否有掩饰地板表面缺陷的可能。由于实木地板属于天然材料，难免存在色差，随着人们对回归大自然的渴望，对地板色差、活节等天然缺陷可适当放宽。

（3）实木地板的加工质量。可按照国家标准《实木地板》（GB/T 15036）的规定，仔细检查地板的外观质量、加工精度等技术指标是否符合标准;检查地板产品的出厂检验合格证书或有资质的检验机构出具的检验报告。

（4）实木地板的尺寸规格。就木材尺寸变形量而言,在同样的温湿度条件下,小尺寸的地板变形量小于同材种大尺寸的地板。因此,在满足审美条件的前提下,地板选择宜短不宜长、宜窄不宜宽。

（5）实木地板的含水率。实木地板的含水率是直接影响地板变形的最重要的因素,国家标准《锯材干燥质量》（GB/T 6491—2012）中规定,河南地区的木材年平均平衡含水率参考附录1,地板含水率范围通常在7%至当地木材平衡含水率,最好接近当地木材平衡含水率。过高（过湿）或过低（过干）都有可能引起地板铺装、使用、保养、保修环节的质量缺陷。

（6）实木地板的漆面质量。表面漆膜要丰满、光洁均匀;无漏漆、鼓泡、龟裂、流挂堆积等现象。同时,漆膜附着力、表面耐磨性能、漆膜硬度等指标应达到国家标准等级要求。

（7）具备优质的售后服务。实木地板未铺装前属于半成品,必须按科学的工序施工。最好是买哪家厂商的地板让哪家厂商负责安装,以避免因铺装不当而造成纠纷。

实木地板是用天然木材加工而成的铺地材料,因而具有木材的一切优良特性。木材是一种组织结构十分复杂而且具有很多固有特性的植物活性材料,长期以来被人类广泛利用。木材的湿胀干缩特性和各向异性是木材利用过程中非常显著的自然特性。木材作为铺底材料,其固有特性会因使用环境的温度、相对湿度变化,导致地板含水率发生变化。当相对湿度高于维持木材平衡含水率的湿度要求时,地板就会吸湿发生膨胀;反之,就会解湿发生干缩。不同木材其湿胀干缩率不等,影响尺寸稳定性。湿胀率或干缩率越小,其受环境气候变化的变形量就越小,实木材料作为地板基材前都要做木材干燥烘干,越接近当地平衡含水率,就越不容易开裂变形。

二、实木地板选购应特别注意的问题

要想买到称心如意的实木地板,面对如此庞大的材质、花色、工艺及大量厂家品牌,不是一件容易的事情。每个消费者经济实力不同、需求不同、眼光不同,注定有不同层次的需求。

第一,要先看个人的预算。虽然不能单纯地考虑地板售价的高低,但因为实木地板的材料所涉及的树种很多,进口渠道不同,价格也有差异。如维腊木应该用于雕刻工艺品、滑轮衬套和轴环等,但有人喜爱绿色色调。这种地板每平方米售价一两千元。

第二,要问清楚地板用材的树种名称,特别是其木材拉丁名,以免被商家鱼目混珠。

第三,要从外观上看材色(要与整体装饰风格搭配,与室内墙板、家具等颜色协调)、结构(细致与否)、纹理图案、天然缺陷(翘曲、开裂、虫眼等是否严重)、木地板的含水率及加工精度等是否符合要求(必要时可以让商家出示检测报告)。

第四,要查阅该树种的材性介绍,特别是尺寸稳定性等,从根本上全面了解该地板用材的本质。

第五,要在购买合同书上写明规范的中文名,以备发生纠纷时使用。另外,铺设地板时要与生产厂商尽量保持联系,最好是选择厂家销售、铺设一条龙服务。

第六,对实木地板质量的评价。要看木材的密度、材色、结构、花纹、力学强度,外观上要看有无天然缺陷、加工精度和加工缺陷;但是最主要的是看木材尺寸的稳定性、是否要经过合理的干燥、产品的木材含水率是否适应使用时当地的木材平衡含水率。同时也要注意龙骨的材质及木材含水率、室内水泥地面是否无垢和干燥等客观条件;地板之间的缝隙、地板与墙壁之间的伸缩缝是否合理。

第七,尽量少用由于交错斜纹理引起的戗茬或锯切方向引起纤维折断所造成的板面。

第八,购买时,不宜过分挑剔材色,色差是自然现象。宜尽可能考虑铺放的位置。同时较窄小的地板,也有价廉和胀缩缝减小的特点。

三、维护和保养注意事项

(1)一些带有尖脚的,特别重的物体,禁止直接安置在木地板表面,以免划伤、损坏木地板的表层,导致木地板的寿命缩短。重物摆放时,应尽量放在一边,因为这样能让另外一边地板自由运动,才不会导致地板起拱。铺垫垫板进行保护也是很有必要的。

(2)平时必须保持地板的干净、清洁,不带沙粒、灰尘最好(比如细细的砂子、小石子)。所以,需要经常用吸尘器来吸附垃圾,避免硬状颗粒在鞋子走动时,对木板造成一个个划痕。

(3)腐蚀性的液体、强酸性和强碱性物质,比如洁厕灵、厨房去油剂都是不行的,高温的液体或者是物体,禁止直接安置在木地板表面,以免损伤表层。在实木地板保养过程中,遇到药剂撒出来时要及时处理干净。

(4)使用湿润的抹布进行清理时,湿度不要太大,以免湿气藏在缝隙里,加大了木地板的湿度。

(5)有太阳照射的地方,尽可能地避免暴晒和过长的照射时间,以免发生过热或者加速氧化反应。直接放在地面的那种加热器也是扼杀木地板的,要少用或者距离合适。所以,在实木地板安装的时候必须注意这点。

(6)湿度过大的梅雨季节,最好打开除湿器,或用空调抽湿,来控制空气湿度,从而达到实木地板保养效果。当然也可以用除湿剂来除湿。

（7）比较干燥的季节,最好能增加点湿度,最简单的方法是放一盆水在角落,这种做法很多超市、珠宝店就是这样做的,当然有它的道理。或者购买一个加湿器,把空气的湿度加大,这样维持住空气的水分,以免造成木地板呼吸时太干而开裂。保持空气相对湿度在40%～70%就是比较正常的。

（8）有条件的可以请专门的打蜡公司上门服务,定期进行实木地板保养,也可以自己购买木地板保养液保养。这样才能保留住那迷人的光泽。

（9）家里如果是养了宠物,如猫和狗,要处理好它们的排泄物,否则会对木材产生碱性腐蚀,导致地板变色和产生污渍。

（10）潮湿的地面,特别是一楼、地下室,需要在铺木地板前,做好基层的防水层,铺设时,板材最好是事先刷过防水涂料。一楼最好还是不要使用实木地板。

（11）不小心将油污滴到了地板上,立刻用干净的抹布或者纸张抹掉,不及时处理,会产生油渍和变色等现象。应使用清洁剂等仔细擦拭,然后打蜡。

（12）墙面如果发现有渗透、湿润的现象,需要立刻检查源头,尽量避免损失。

（13）一旦发现了白蚁的足迹,赶紧请公司来消除,不是只对局部进行处理,而是整个房子都要处理。

（14）要注意通风,特别是长期无人居住时。

实木地板的保修是自地板铺装竣工并验收合格之日算起,在正常维护使用条件下为期1年,由施工方负责保修。若经营和施工企业对保修期有更长的承诺,应以供需双方约定的保修合同为准。非正常维护使用或意外损坏,不在保修范围之内。了解实木地板的保修时间、保修范围以及保修标准可以更好的维护消费者的切身利益。

漆面开裂、受损、划痕、碰痕、压痕、香烟烫灼痕以及出现板面的亮度差均属于非正常使用维护。

在保修期内,如出现以下12种情况时应找施工方维修或维权。

（1）瓦片变形(翘曲变形)。

瓦片弦高与地板公称宽度允许之比≤1%,检测超标的地板需要更换。变形面积≥60%居室面积时,基层应通风干燥。

（2）凸瓦片变形。

凸瓦片中线与边缘,高度落差与地板宽度之比≤1%,超标的地板块应更换。

（3）起拱。

待地面基层干燥后,用原来地板铺设,修复至地板结构落实、面层平整。

（4）蓝变(黑变)。

按面积计算:≤10%/块。超标的地板应更换。

(5)虫蛀。

发现虫蛀,应更换虫蛀地板。虫眼不作质量检验。

(6)开裂(含端裂,板面裂)。

裂缝宽≤0.3 mm,裂缝长≤地板长的4%。两项同时超标,超标地板块应更换。单项超标,原板修补。

(7)隐裂。

单块地板隐裂长度累加,未达到地板长度,原板修补;达到或超过地板长度,应重新更换地板块。

(8)脱皮。

原板打磨修复,尽可能与原地板颜色近似一致

(9)卷边。

接缝边上翘应≤0.35 mm。超标地板更换。

(10)麻点。

在居室主要活动区域内出现的麻点,原板打磨修复,尽可能与原地板颜色近似一致。在地板块倒角处和板面非族生有麻点不作质量检验。

(11)板面泛白。

按面积计算:≤10%/块。超标的地板应更换。

(12)下陷。

地板局部平面下沉5 mm,应由铺设方检查修复。

四、实木地板常见缺陷及原因分析、解决方案

(一)地板变形(瓦状/翘弯)

1. 原因分析

地板变形主要是地板吸湿膨胀的结果。

2. 预防措施

(1)混凝土基层须达到含水率要求后方能施工,含水率超标时必须铺装防潮隔离层,防潮隔离层应做到整体密封。

(2)要采取防水防潮隔离阻断措施。

(3)龙骨和毛地板的含水率控制在符合当地的平衡含水率。

3. 解决方案

(1)拆下变形地板让其散潮,可部分缓解变形,对变形严重的地板予以更换。

（2）地板变形面积较大,可拆下所铺装地板,待混凝土基层或龙骨、毛地板干燥后重新铺装。对原有可用地板重新铺装,影响使用的地板予以更换。

（二）地板干缩离缝

1.原因分析

地板干缩离缝主要是地板失水干缩的结果。

2.预防措施

（1）适当采取增湿措施,防止地板过度干燥。

（2）防太阳暴晒,不宜长时间关闭门窗不通风,或局部集中吹风。

（3）按施工时气候条件,掌握相邻地板块伸缩缝间隙并适当预留或不留伸缩缝。

（4）选择稳定性较好的地板材料,并使含水率控制在适合当地的平衡含水率要求。

3.解决方案

（1）不影响使用功能时,可待较长时间,适当加湿,等地板的含水率与空气中的相对湿度相平衡后,视情况采取拆、重铺方案。

（2）全部拆开重铺,按要求设置相邻板块伸缩缝。

（三）地板板面漆膜产生裂缝或开裂

1.原因分析

地板短时间内急剧干缩或湿胀造成。

（1）当气候变化较大时,地板受太阳暴晒或长期风吹,地板出现干缩现象,漆膜弹性跟不上地板干缩,而致漆膜起皱开裂。

（2）地板受潮膨胀,地板吸湿后含水率增大,地板出现湿胀现象,漆膜弹性不能配合地板膨胀,而致漆膜拉裂。

（3）地板受阳光暴晒或长期风吹,地板干燥收缩而致漆膜开裂。

（4）地板受潮膨胀而致漆膜开裂或地板膨胀后相互挤压而致漆膜开裂。

（5）空调与取暖设备长期固定部位吹、烘、烤,引起地板异常干缩,引起漆膜开裂。

（6）漆膜硬度高,韧性差,与木地板胀缩率不一致造成附着力不够。

（7）附着力太差。

2.预防措施

维持温度和相对湿度的变化,适当进行排湿或抽湿工作,使地板的含水率保持在要求范围内。

3.解决方案

少量漆膜开裂,可进行补漆修复。如开裂面积较大,可磨平后重新油漆。如单块地板漆膜裂较长,可更换单块地板。

(四)地板起拱变形

1.表现现象

地板板面中间向上拱起,或地面中某几块地板向上拱起。

2.产生原因

(1)地板受到水浸等(使用保养不当)。

(2)铺装时地板含水率过低(材料选择含水率不当)。

(3)铺设过紧,且四周未留伸缩缝或预留不足(施工不规范)。

(4)房屋长期空关,无人居住,不通风(保养不当)。

(5)连续阴雨天相对湿度过高,未采取排湿措施(保养不当)。

(6)基层混凝土含水率超标,未落实防湿胀构造措施(施工不规范)。

3.预防措施

(1)选择含水率接近当地平衡含水率的地板。

(2)地板铺装时,预留适当的伸缩缝。

(3)房间要勤通风,保持合适的温湿度。

(4)严防地面积水,地板被水浸泡。

4.解决方案

(1)对于个别膨胀变形的地板,可以扒开加工一下,在重新安装。

(2)大面积的起拱变形,只能更换重新铺装。

(五)地板开裂

1.表现现象

(1)地板裂纹,黑线明显,但油漆没裂。

(2)地板和油漆均已开裂,形成缝隙。

2.产生原因

(1)因干燥工艺控制不当,以及表裂、端裂、内裂,形成隐性缺陷,在使用过程中会逐渐显露。尤其是一些重硬类木材,如坤甸铁木、角香茶茱萸等,出现端裂现象较为普遍。

(2)施工中地板拼装的松紧度不当,导致相互挤压产生裂纹。

(3)地板背面吸湿膨胀,造成相互挤压,也会引起开裂。

(4)地板含水率过高,地板坯料干燥后期处理不当,残余内应力消除不佳。

3.预防措施

(1)选择含水率略低的地板,以接近当地平衡含水率的地板为好。

(2)地板铺装时,预留适当的伸缩缝。

(3)房间要勤通风,保持合适的温湿度,防止温湿度大幅度波动。

（4）保持地板干燥,防止地板受潮。

4.解决方案

（1）地板开裂,不可逆转,小的开裂可以通过填腻子,补漆解决。

（2）大的裂缝,更换重新铺装。

（六）走路异响

1.表现现象

地板铺装后,走上去发生咯吱咯吱的响声。

2.产生原因

（1）地板(尤其是接口处)未用地板钉固定在龙骨上或固定不牢。

（2）地板榫与槽间隙公差过大。

（3）混凝土基层不平整,垫木间距过大,垫层过高,经常走动部位垫木松动,发生上下位移,龙骨铺设不牢固。

（4）气候干燥,未采取增湿措施,地板出现干缩松动。

（5）龙骨材质密度过低,铁钉直径太小、长度太短,固定不牢靠。

（6）龙骨受潮产生扭曲,造成地板松动。

（7）隐蔽工程未达到质量标准要求。

（8）某些铺装新技术尚不成熟。

（9）某些材种树脂含量较高、韧性较大,使摩擦力增加,加上榫槽之间摩擦面大,上下位移导致高频率摩擦声(咯吱咯吱)。

3.预防措施

（1）铺装前,要先测量地面的平整度,严格来讲,一个房间内的整块地面的高低差距应小于 3 mm,不满足该条件的地面,应先找平后再进行铺装。

（2）地板铺装时,预留适当的伸缩缝。

（3）选择含水率略低的地板,以接近当地平衡含水率的地板为好。

（4）房间要勤通风,保持合适的温湿度,防止温湿度大幅度波动。

（5）保持地板干燥,防止地板受潮。

4.解决方案

地板异响原因较多,要针对具体原因,采用适当的解决方法:

（1）地面不平引起的地板异响,临时可以用防水垫垫平,根本的解决问题,还是建议重新找平。

（2）因伸缩缝预留不当,造成的地板变形异响,可以切开加工一下。

（3）因为地板含水率不当,造成地板变形异响,要等地板含水率趋于当地平衡含水率之后,在进行处理。

(4)对于踩一脚,响一下的问题,主要还是地板和龙骨固定松动,要重新固定。

以上关于实木地板铺装后产生的质量缺陷及原因分析,仅仅是根据理论和实践经验总结而来,并不全面准确和适应具体的质量缺陷。出现质量缺陷后,任何解决办法也仅仅是事后补救措施而已,并不能从根本上解决地板的铺装质量缺陷(见图2-15)。

图 2-15　实木地板常见材质效果

第三章 实木地板常见用材

第一节 木材基础知识

实木地板的原材料是木材,木材来自于自然界生长的树木。树木的生长是指树木在同化外界物质的过程中,通过细胞分裂和扩大,使树木的体积和重量产生不可逆的增加。树木是多年生植物,可以生活几十年至上千年。

一、树木的组成

一棵长的树木,从上到下主要由树冠、树干、树根三部分组成(见图3-1)。这三部分在树木的生长过程中构成一个有机的、不可分割的统一体。而树干既是树木的主要部分,也是加工利用的对象。

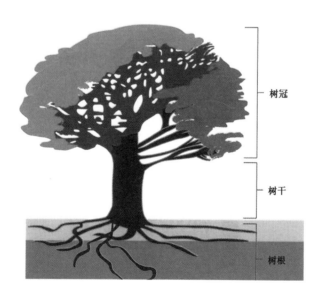

图3-1 树木的结构

树干是树木的直立部分,也是木材的主要来源,占立木总材积量的50%~90%。树干把树根从土壤中吸取的水分及矿物质,自下而上地输送到树叶,并将树叶中制造出的溶于水的有机养料,由树叶自上而下地输送到树根。树干除进行输送水分和营养物质外,还储藏营养物质和支持树冠。

不同的树种,都有其不同的构造。不同树种之间,密度的差异也非常明显。即使同一树种的不同树株、同一树株的不同构造部位或同一树种在不同的生长条件下,木材的密度也会存在差异。

二、树干的组成

树干从外往里分成若干部分(见图3-2),最外侧是树皮,紧贴着树皮的是具有分生能力的形成层,然后是边材、心材,最中间的是树木的髓心。边材与心材合称为木质部,是加工利用的主体,但因为边材细胞仍具有活性,易受菌虫的侵害,所以耐久性不及心材,心材是木材中耐久性最好的部分。加工时应尽量别除髓心(心材的中心)部分。

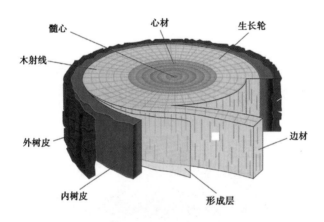

图 3-2　树干的组成

木材的边材颜色较浅,心材颜色较深,边材与心材、早材与晚材的纹理之间必然会存在颜色的差异(色差)。正是这种色调深浅的对比,构成了木材各种美丽的图案,这是一种木材的自然美。

三、木材的切面

木材是由许多细胞组成的,它们的形态、大小、排列各有不同,使木材的构造极为复杂,成为具有各向异性的材料。因此,从不同方向锯切木材就有不同纹理图案的切面(见图3-3)。

(一)横切面

横切面是树干长轴或与木材纹理相垂直的切面,亦称端面或横截面。在这个切面上可以观察到木材的生长轮、心材和边材、木射线等。

(二)径切面

径切面是顺着树干长轴方向,通过髓心与木射线平行或与生长轮相垂直的纵切

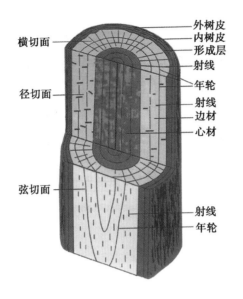

图 3-3　木材切面

面。在这个切面上可以看到相互平行的生长轮或生长轮线、边材和心材的颜色、木射线等。

（三）弦切面

弦切面是顺着树干长轴方向,与木射线垂直或与生长轮相平行的纵切面。弦切面和径切面同为纵切面,但它们相互垂直。在弦切面上生长轮呈抛物线状。

四、径切板与弦切板

（一）径切板

径切板是沿原木端面中心处年轮的切线与板面垂直或接近垂直的锯割板材,其径向切角大于45°,年轮在板面上呈平行的直线条纹理。

（二）弦切板

弦切板是沿着原木年轮切线方向锯割而成的板材,年轮切线与宽材面夹角不足45°,年轮在板面上呈峰状花纹(见图3-4)。

由于木材的结构特征,径切板的稳定性要优于弦切板。

五、木材中的水分

水分在木材生长、运输、加工和利用的各个环节都起着非常重要的作用。树木的生长是通过根系吸收的水分以及空气中吸收二氧化碳在叶片中进行光合作用产生碳水化合物的形式来进行的;另外,水分也是各种物质输送的载体。采伐后的原木及

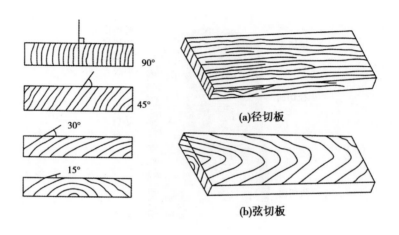

(a)径切板

(b)弦切板

图 3-4   径切板与弦切板木纹特征

其锯解后的板材在存放、运输、加工和利用的各个环节中,由于环境的影响及人为的干燥过程等的影响,木材中的水分仍会不断变化。木材的物理和力学性质、化学性质,几乎都受水分的影响。

（一）木材中水分存在的状态

木材中的水分在立木状态下以树液的形式出现,是树木生长必不可少的物质,又是树木输送各种物质的载体。

木材中的水分以三种状态存在:细胞腔内的水蒸气、细胞腔内的液态水、细胞壁中的结合水。

（二）木材的绝对水率

木材或木制品的水分含量通常用绝对含水率来表示,简称含水率,即木材中所含的水分重量与绝干(完全脱去水分后的木材)重量的百分比。用此原理测量木材含水率的方法称为绝干法。绝对含水率的计算公式如下:

$$MC = \frac{m - m_0}{m_0} \times 100\%$$

式中 MC——试材的绝对含水率(%);

$\quad\quad m$——含水试材的质量,g;

$\quad\quad m_0$——试材的绝干质量,g。

（三）木材的平衡含水率

由于木材具有吸放湿特性,当外界的温湿度条件发生变化时,木材能相应地从外界吸收水分或向外界释放水分,从而与外界达到一个新的水分平衡体系。木材在平衡状态时的含水率称为在该温湿度条件下的平衡含水率(EMC)。木材平衡含水率随地区、季节的不同而变化。

六、木材的特性

由于木材是一种特殊的多孔高分子结构,所以木材有以下一些明显的特性。

(一)吸湿解吸

木材具有较高的孔隙率和巨大的内表面,因而当较干的木材存放于潮湿的空气中,木材从湿空气中吸收水分的现象叫吸湿;当木材含水率较高,在较干燥的空气中,木材向周围空气中蒸发水分叫解吸。

木材的吸湿和解吸,在过程之初进行得十分激烈,随着时间的推移,强度逐渐减缓,最终会达到一个吸湿与解吸的动态平衡。木材能依靠自身的吸湿和解吸作用,直接缓和室内空间的湿度变化。

(二)干缩湿胀

当木材的含水率在低于纤维饱和点时,因解吸使细胞壁收缩,导致木材的尺寸和体积的缩小称为干缩;相反,因吸湿而引起木材的尺寸和体积的膨胀称为湿胀。

(三)各向异性

由于木材本身组织结构的各向异性,木材不同方向上的干缩是不同的。干缩率是指木材收缩尺寸所占原有尺寸的百分比。气干干缩率指木材从气干(通常含水率为12%)到全干的干缩率。

木材的各向异性反映在横切面、径切面、弦切面三个切面上,所以造成木材的干缩和湿胀因方向不同而有异,纵向、弦向和径向的胀缩程度也各不同。木材沿树干方向的干缩率很小,约为0.1%;弦向的干缩率最大,为6% 10%;径向的干缩率约为弦向干缩率的1 2,即3% 5%。由于径向和弦向的收缩不一致,常引起木材的不规则开裂、变形。

木材的吸湿解吸、干缩湿胀、各向异性这三个特性,都对木材的尺寸稳定性有一定的影响。特别是在地暖环境下,木材的尺寸稳定性直接影响到地暖实木地板的使用。

第二节　实木地板材质要求

一、实木地板的材质要求

实木地板对木材的要求,最重要的是尺寸稳定性优良,不易胀缩变形,主要体现在干缩性和弦径干缩比小;其次是在外观上具有装饰价值,即木材的颜色和花纹、木材的结构和均匀度等(见图3-5);在物理力学性质方面要求具有一定的硬度,防止人们在地板上行走时留下凹痕,影响地板使用。另外,在使用性方面,要求地板耐腐、抗虫菌等。

图3-5 原木

当前居室主要用的是条状企口(榫接、卯榫)地板、平接地板和镶嵌实木地板,是平行铺置或拼花,用于居室,以装饰为主,重在美观。有的还钟爱木节等木材固有的特征,花纹也很有讲究。

因为木材是由很多类型、排列不同的细胞组成的,由于木材构造的影响,形成了许多不同的花纹,这也是人们喜爱的特点之一。花纹有来自交错纹理形成材色深浅不同的带状花纹及锯切角度不同形成的花纹等。结构主要指木材细胞的大小和相对数量,有粗细之分。在阔叶树材中,则以导管和射线的弦向直径与数目为结构的标志。在地板外观上表现为深浅不同的沟槽等,这实际上与花纹也有密切的关系。纹理和结构常常密不可分。在地板外观上还有兼具不同材色的边材、纹理、开裂、翘曲、腐朽、变色和色斑等要求,这些都与木地板的等级有关。当然也还有加工技术问题,如板面的平整性、尺寸和公差以及油漆的涂饰方式(有淋漆和银漆之分)和反光亮度(有亮光和亚光之分)等。消费者在肉眼下只能审视表观情况,对内在质量则很难判断。

就材色而言,首先要考虑与家具的颜色协调,一般要求保持木材本色。地板的颜色也是各有所好,一般来讲美观悦目即可。材色关系着人们的视觉感、冷暖感和干湿感。由于地板的面积大,材色较难调配,特别是变色问题。有的木材,如辽东桤木原木初锯时为浅黄褐色,旋即变为黑褐色;核桃木初锯时为红褐色或带黑褐色,久则变为巧克力色;花榈木初锯时为鲜红褐色,久则变为暗黑褐色;特别是李叶苏木有大面积的红变现象。

木材因树种、立地条件、所在部位、含水率、树龄和暴露的时间不同也有变化。问题在于有些变色和退色(有先有后)的变化较大。变色的原因,从外界来说,主要是光照(光波和照射时间)、温度和大气;从内在来说,主要是细胞的组分降解和抽提物;还有因细菌、真菌等变色菌的生物污染,如马尾松的蓝变和桦木的浅红褐色水心材等。

解决木地板的色差问题最重要的是,生产时注意心材和边材的严格区分;同时在出厂时要根据材色分别包装,铺装前也要根据材色在室内调配后再进行铺装。

二、实木地板的用材名称

目前木地板市场树种名称非常混乱,有些俗名,如金不换,由于时间久,而且当时树种不多,所以也为人所知;现在树种众多,同一名称竟不是同一树种。有的厂商还主观地给地板定了一些招揽顾客的美名,如红檀、玉檀、铁檀等,以"檀"命名的木地板竟然有38种之多。不但多数消费者不知道,木材专家也不知道。这种现象亟待规范。树种名称不同,其材性各异;地板质量不同,其售价也就不同。货真价实是商业经营必须遵守的道德准则之一,如果不用规范的地板材树种名称,货真价实就是一句空话。

实木名称亟待规范。近年来实本地板和红木家具产销两旺,市场蓬勃发展,既满足了广大消费者的需要,也给厂商带来了经济利润。与此同时,也存在一些问题。最突出的问题是木材名称不规范。如前所述,有些厂商置规范名称于不顾,妄自采用"攀高枝"的木材名称,藉以招揽顾客,其中也不乏混水摸鱼、以次充好、牟取非法利润之徒。为保障实木制品市场的健康发展,国家质量监督检验检疫总局先后颁布了《中国主要木材名称》(GB/T 16734—1977)、《红木》(GB/T 18107—2017)和《中国主要进口木材名称》(GB/T 18513—2001)三项国家标准。对这些国家标准中未包括的木材名称,可采用正式出版著作和刊物中的木材名称,因为这些木材名称都是以世界通用的拉丁名称为依托的。只有用规范的木材名称,才能保证和促进实木制品市场健康发展。

尤其在实木地板方面,可使用的树种很多,因而不规范的中文名称也很多。据了解,有的就因为不规范的中文名称而对簿公堂;由于法官对合法和合理的认识不同,也会有不同的判决。由此可能引发大量的争议,双方都要为此付出巨大的精力、人力、物力和财力。因此,要规范市场秩序,促进市场良性发展,唯一的办法是用规范的中文名加上相对应的拉丁名。实现用规范的名称也绝非易事。建议工商管理部门加大管理力度,一旦发现用不规范木材名称者,即刻责令停业整顿,直至整改符合规范要求,并保证今后不用非规范的木材名称,方准其恢复营业。同时规范中文名的范围不但要扩大到实木制品的整个行业,还要扩大到海关,特别要体现在有关的木材书刊中(见图3-6)。

图 3-6　地板板材展图

作为实木地板,对木材材质所要求的色彩、花纹和纹理以及力学强度,都较红木家具低得多,所以适宜制作实木地板的树种更为广泛。但针叶树材均逊于阔叶树材,不如阔叶树材天然纹理美观、木质结实,所以用针叶树材制作实木地板者少见。

第三节　实木地板用材分类及名称

一、实木地板用材分类

实木地板用材众多,名称混乱,有时同一名称竟然不是同一材质。有些厂商还主观地给地板定了一些招揽顾客误导名称,这种现象急需规范。用材名称不同,其材性各异;地板质量不同,其售价也就不同。货真价实是商业经营必须遵守的道德准则,如果不用规范的板材名称,货真价实就是一句空话。

《中国木材志》推荐的地板用材如下。

（一）室内用实木地板用材

1. 一类用材

柚材、红香木、麻楝、石梓,国外引种的桃花心木及具有高强度和耐久性强的格木、荔枝木、铁力木、坡垒、子京、龙眼木等树种。

2. 二类用材

白青冈、红青冈、水青网、麻栎、槲栎、灯橱、红锥、黄锥、椆榆、榉木、核桃木、香樟、桢楠、油丹、硬合欢、油楠、红豆木、红心红豆、米兰、山楝、银叶树、火绳木、海棠木、金丝李、青皮、母生、天料木、云南紫薇、鸡尖、玫瑰木、莺哥木、白蜡木、水曲柳、山核桃、梓木、山龙眼、银桦、竹节树以及针叶树材的红豆杉等树种。

3. 三类用材

桦木、朴木、青檀、孔雀豆、皂荚、肥皂荚、槐木、山枣、拐枣、秋枫、禾串树、槭木、细子龙、毛番龙眼、无患子、五桠果、红楣、厚皮香、山赤、山竹、龙脑香、嘉赐刺篱木、蓝果木、红桉、白桉、蒲桃、柿木、李榄、木樨榄及针叶树材的柏木、竹叶松、竹柏、银杉、油杉、黄杉、铁杉、金钱松、南亚松和松木等树种。

（二）公共场所用实木地板用材

公共场所实木地板用材以强度、硬度、耐久性为主要考虑因素,以装饰性为辅。木材还需进行防火药剂处理,以期达到耐用、耐磨等特种用途。

1. 阔叶树材

铁力木、格木、铁刀木、坡垒、荔枝（木）、龙眼（木）、青皮、天料木、母生、细子龙、椆榆、红锥、黄锥、白青冈、红青冈、麻栎、槲栎、水青冈、榉木、硬合欢、海棠木、云南紫薇、鸡尖、玫瑰木、木犀榄、油楠、槭木（质硬树种）、蒲桃（质硬树种）等类的树种。

2. 针叶树材

柏木、油杉、铁油杉、松木、南亚松等类的树种。

实木地板木材标本如图 3-7 所示,实木地板用材树种如图 3-8 所示。

二、实木地板常见木材名称

常见木材 100 种见表 3-1。

图 3-7　实木地板木材标本

图 3-8　实木地板用材树种

表 3-1　实木地板常见木材 100 种

序号	木材名称	拉丁文	流通商用名	序号	木材名称	拉丁文	流通商用名
1	硬木松	*Pinus* sp.	辐射松、樟子松	22	小鞋木豆	*Microberlinia* sp.	斑马木
2	落叶松	*Larix* sp.	落叶松	23	鳕苏木	*Mora* sp.	大鳕苏木
3	槭木	*Acer* sp.	槭木	24	赛鞋木豆	*Paraberlinia bifoliolata*	小斑马木
4	（重）斑纹漆	*Astronium* sp	斑纹漆	25	紫心苏木	*Peltogyne* sp.	紫心木
5	山枣	*Choerospondias Axillaris*	山枣	26	硬瓣苏木	*Sclerolobium* sp.	硬瓣苏木
6	任嘎漆	*Gluta* sp. *Melanochyla* sp. *Melanrrhoea* sp.	任嘎漆	27	柯库木	*Kokoona* sp.	柯库木
7	斯文漆	*Swintoonia* sp.	斯文漆	28	榄仁	*Terminalia* sp.	榄仁
8	盾籽木	*Aspidosperma* sp.	盾籽木	29	异翅香	*Anisoptera* sp.	山桂花
9	桦木	*Betula* sp.	桦木	30	龙脑香	*Dipterocarpus* sp.	克隆
10	（重）蚁木	*Tabebuia* sp.	拉帕乔、伊贝	31	冰片香	*Dryobalanops* sp.	山樟
11	缅茄木	*Afzelia* sp.	缅茄木	32	娑罗双	*Shorea* sp.	巴劳
12	铁苏木	*Apuleia* sp.	铁苏木	33	条纹乌木	*Diospyros* sp.	条纹乌木
13	红苏木	*Baikiaea* sp.	红苏木	34	杂色豆	*Baphia* sp.	杂色豆
14	鞋木	*Berlinia* sp.	鞋木	35	鲍迪豆	*Bowdichia* sp.	鲍迪豆
15	摘亚木	*Dialium* sp.	克然吉	36	二翅豆	*Dipteryx* sp.	二翅豆
16	两蕊苏木	*Distemonanthus benthamianus*	两蕊苏木	37	崖豆木	*Millettia* sp.	鸡翅木
17	格木	*Erythrophleum* sp.	塔里	38	香脂木豆	*Myroxylon* sp.	香脂木豆
18	古夷苏木	*Guibourtia* sp.	布宾加、凯娃津戈	39	美木豆	*P. elata*	美木豆
19	孪叶苏木	*Hymenaea* sp.	贾托巴	40	大果紫檀	*Pterocarpus* sp.	花梨木
20	印茄木	*Intsia* sp.	菠萝格	41	亚花梨	*Pterocarpus* sp.	安哥拉紫檀、非洲紫檀
21	甘巴豆	*Koompassia* sp	康派斯	42	刺槐	*Robinia pseudoacaria*	洋槐

续表3-1

序号	木材名称	拉丁文	流通商用名	序号	木材名称	拉丁文	流通商用名
43	槐木	*Sophora* sp.	国槐	72	乳桑木	*Bagassa* sp.	乳桑木
44	铁木豆	*Swartzia* sp.	铁木豆	73	饱食桑	*Brosimum* sp.	饱食桑
45	栗木	*Castanea* sp.	甜栗、板栗树	74	绿柄桑	*Chlorophora* sp.	绿柄桑
46	水青冈	*Fagus* sp.	山毛榉	75	桉木	*Eucalyptus* sp.	桉木
47	栎木	*Quercus* sp.	橡木	76	铁心木	*Metrosideros* sp.	铁心木
48	毛药木	*Goupia* sp.	圭巴卫矛	77	红铁木	*Lophira* sp.	伊奇
49	海棠木	*Calophyllum* sp.	冰糖果	78	蒜果木	*Scorodocarpus bornessnsis*	蒜果木
50	香茶茱萸	*Cantleya corniculata*	德达茹	79	硬檀	*Mussaendopsis* sp.	硬檀
51	克莱木	*Klainedoxa* sp.	热非粘木	80	白蜡木	*Fraxinus* sp.	水曲柳
52	桂樟	*Cinnamomum* sp.	桂樟	81	樱桃木	*Prunus* sp.	樱桃木
53	铁樟木	*Easideroxylon* sp.	铁樟木	82	黄棉木	*Adina* sp.	黄棉木
54	绿心樟	*Ocotea* sp.	绿心樟	83	重黄胆木	*Nauclea* sp.	奥佩佩（巴蒂）
55	檫木	*Sassafras* sp.	檫树	84	巴福芸香	*Balfourodendron riedelianum.*	巴福芸香
56	纤皮玉蕊	*Couratari* sp.	陶阿里	85	天料木	*Homalium* sp.	马拉斯
57	木莲	*Manglietia* sp.	黑杞木莲	86	番龙眼	*Pometia* sp.	唐木
58	山道棟	*Sandorioum* sp.	山道棟	87	油无患子	*Schleichera trijuga.*	油无患子
59	米兰	*A. gigantea*	米仔兰	88	甘比山榄	*Gambeya* sp.	甘比山榄
60	蟹木棟	*Carapa* sp.	蟹木棟	89	比蒂山榄	*Madhuca* sp.	比蒂斯
61	卡雅棟	*Khaya* sp.	非洲桃花心木	90	铁线子	*Manilkara* sp.	铁线子
62	虎斑棟	*Lovoa* sp.	虎木	91	黄山榄	*Planchonella* sp.	黄山榄
63	相思木	*Acacia* sp.	相思木	92	猴子果	*Tieghemella* sp.	马可热
64	硬合欢	*Albizia* sp.	大叶合欢	93	四籽木	*Tetramerista* sp.	普纳克
65	阿那豆	*Anadenanthera* sp.	阿那豆	94	荷木	*Schima* sp.	木荷
66	圆盘豆	*Cylicodiscus* sp.	圆盘豆	95	榆木	*Ulmus* sp.	青榆、黄榆
67	异味豆	*Dinizia excelsa*	异味豆	96	朴木	*Cltis* sp.	沙朴
68	硬象耳豆	*Enterolobium* sp.	硬象耳豆	97	柚木	*Tectona grandis*	柚木
69	腺瘤豆	*Piptadeniastrum* sp.	达比马	98	牡荆	*Vitex* sp.	牡荆
70	木荚豆	*Xylia* sp.	品卡多	99	夸雷木	*Qualea* sp.	夸雷木
71	山核桃	*Carya* sp.	小胡桃	100	维腊木	*Bulnesia* sp.	维腊木

三、实木地板常见木材市场误导名称

实木地板常见木材市场误导名称如表3-2所示。

表3-2　实木地板常见木材市场误导名称

木材名称	市场误导名称	木材名称	市场误导名称
印茄木	贴梨木	硬槭木	枫木
重蚁木	依贝、紫檀	古夷苏木	巴花、花梨木
坤甸铁樟木	柚檀、铁檀	紫芯苏木	—
二翅豆	龙凤檀	白腊木	—
铁线子	红檀	花梨（大果紫檀）	紫檀木
纤皮玉蕊	南美柚木	亚花梨（非洲紫檀）	紫檀
甘巴豆	金不换、黄花梨	香茶茱萸	芸香木
蒜果木	紫金檀	格木	—
李叶苏木	南美柚木、巴西花梨	木莲	金丝柚木
摘亚木	柚木王	虎斑楝	核桃木
桦木	樱桃木	阿那豆	胡桃木
重红娑罗双	玉檀	圆盘豆	绿柄桑
栎木	—	腺瘤豆	非洲柚木
香脂木豆	红檀香	黑檀	黑紫檀
龙脑香	柚仔木	水曲柳	—
木荚豆	金车花梨	番龙眼	金波罗、小波罗
鲍迪豆	钻石柚木	黄山榄	黄檀
巴福芸香	白象牙	四籽木	富贵竹
柚木	—	荷木	小叶紫檀
铁苏木	金象牙	维蜡木	绿檀
橡胶木	橡木	美木豆	非洲柚木

第四节　实木地板常见树种材质特性介绍

一、硬木松 *Pinus* sp

隶属松科,松属。主产亚洲、欧洲及美洲。

木材特征:心、边材区别明显或略明显。心材窄,浅黄,黄褐至红褐色。边材宽,黄白色。生长年轮明显,略宽,分布均匀。质脆;结构粗而均匀;有树脂气味,具光泽。

木材性质:干缩大,干材尺寸稳定性中。木材轻至重。气干密度 $0.48 \sim 0.70$ g/cm^3,强度略低。天然耐腐性差。

木材用途:旋切单板、胶合板、包装材、建筑用材、刨花板、纤维板、木片、造纸等,也用于家具、地板。

二、落叶松 *Larix* sp.

隶属松科,落叶松属。分布于北半球亚、欧、北美的温带高山及寒带南部。

木材特征:边材黄褐色,与心材区别明显;心材红褐或黄红褐色。木材有光泽,略有松脂气味;无特殊气味。生长轮明显,晚材带色深;宽度不均匀;早材带占全轮宽度 2/3 或 3/4。纹理直;结构中至粗,不均匀。

木材性质:重量中,气干密度 $0.64 \sim 0.70$ g/cm^3;硬度软至中;干缩大,强度中,冲击韧性中。耐腐性强,抗蚁性弱;握钉力强。

木材用途:可用于坑木、枕木、电杆、木桩、篱柱、桥梁及柱子等。板材做房架、地板、木槽、木梯、船舶、跳板、车梁、包装箱。

三、硬槭木 *Acer* sp.

隶属槭木科,槭树属。本属约 200 种,主要分布于北美洲。

木材特征:心、边材区别不明显,心材奶白色,带微红色,呈浅红褐色,偶呈深褐色;边材白色。纹理通常直,有时具波纹和鸟眼状花纹等。结构细匀;木材有光泽。

木材性质:干缩性中。木材重,气干密度0.70 g/cm^3(糖槭、黑槭)。强度高(见表3-3)。耐腐、不抗虫害。

木材用途:硬槭类抗磨损,可制作钢琴的骨架、小提琴背板、保龄球道、地板。特别是鸟眼花纹和波状花纹木材可做各种装饰用途的用材。

表3-3　硬槭木木材力学性质

试材产地	含水率（%）	顺纹抗压强度（MPa）	抗弯强度（MPa）	抗弯弹性模量（GPa）	树种
加拿大	12	54.0	109	12.6	糖槭
	15	58.5	121	13.2	糖槭
	12	46.1	92	11.2	黑槭
	12	41.0	74.0	10.0	大叶槭

四、斑纹漆 *Astronium* sp.

隶属漆树科,斑纹漆属。主产南美洲,分布于巴西、阿根廷、巴拉圭及委内瑞拉等地。

木材特征:心、边材区别明显,木材红褐色并具有装饰性深色条纹。边材浅褐色。生长轮略明显。纹理直;结构很细,均匀;木材具光泽。

木材性质:干缩大,干材稳定性中。木材甚重。气干密度 0.88 ~ 1.01 g/cm³,强度高。心材抗白、褐腐菌。具较高抗吸湿性。

木材用途:耐磨性,耐候性,宜做建筑用材地板、家具、木梯、体育用品等。

五、山枣 *Choerospondias* sp.

隶属漆树科,酸枣属。主要分布于广东、云南、江西、广西等地。

木材特征:木材材色美观。心、边材区别明显。心材浅肉红褐色至红褐色,边材黄褐色带灰。生长轮明显。纹理直或斜;结构粗至中,不均匀。有光泽。

木材性质:干缩小至中。木材重量中,气干密度 0.55 ~ 0.62 g/cm³。

木材用途:建筑、家具、拼花地板、台板、造船、胶合板材等。

六、任嘎漆 *Gluta* sp.

隶属漆树科,胶漆树属。分布于马来西亚、印度尼西亚、越南、柬埔寨、缅甸、沙捞越、沙巴。

木材特征:心、边材区别极明显。心材鲜红色至深红色也称血红色。边材很宽,灰粉红褐色。生长轮明显,具深色组织带。纹理略交错;结构中至略细。光泽弱。

木材性质:干缩甚小。质中至重,气干密度 0.65 ~ 0.84 g/cm³,强度中(见表3-4)。略耐腐,抗白蚁危害。

表 3-4　任嘎漆木材力学性质（指组成本类的各属）

属名	全干干缩率（%）		气干干缩率（%）		基本密度（g/cm³）	气干密度（g/cm³）	顺纹抗压强度（MPa）	抗弯强度（MPa）	抗弯弹性模量（GPa）
	弦向	径向	弦向	径向					
胶漆树属			1.8	1.0		0.64～0.96	38.0～43.0	71.0～117.0	11.0～11.4
乌汁漆属						0.64～0.72			
黑漆树属	5.3	2.9	1.8	1.0	0.62	0.65～0.88	60.0～70.0	111.0～143.0	14.9

木材用途：干缩小、材色美。宜做优质家具、镶嵌板、刨切单板、拼花地板、细木工、装饰品、工具柄等。可代替红木使用。

七、盾籽木 *Aspidosperma* sp.

隶属竹桃科，盾籽木属。约 80 种，分布于拉丁美洲。

木材特征：心、边材区别不明显。心材新鲜时为浅粉褐或浅黄褐，久则变为带红或铜色色调的浅橘红至橘黄褐色；边材白至黄色，经大气氧化后近心材材色，薄。生长轮略明显。纹理直或斜，结构细而均匀。有光泽。

木材性质：干缩甚大；干后稳定性中。木材重至甚重，气干密度 0.85～1.03 g/cm³，强度高（见表 3-5），耐腐，抗木腐菌和海生钻木动物危害，抗蚁性中。

表 3-5　盾籽木木材力学性质

试材产地	含水率（%）	顺纹抗压强度（MPa）	抗弯强度（MPa）	抗弯弹性模量（GPa）	树种
圭亚那	12	77	143	19.0	大果盾籽木
	12	100	201.2	26.8	大果盾籽木
		91	172	20.9	大果盾籽木
圭亚那	12	101.2	150.3	20.1	大果盾籽木
圭亚那	12	79.7	150.8	17.8	束花白盾籽木
	12	103.9	211.6	25.1	束花白盾籽木
法属圭亚那	12	77.1	182.4	13.5	束花白盾籽木
巴西	12	67.9	133.0	14.6	束花白盾籽木

木材用途：重型结构材，枕木、车辆、地板、家具、木通等及室内装饰。

八、桦木 *Betula* sp.

隶属桦木科,桦木属。主要分布于欧洲,中国的东北、西北及西南至中南,北美洲及亚洲。

木材特征:心、边材区别不明显。木材红褐色,或黄白至黄褐色,变化较大。生长年轮略明显或明显,纹理直,结构细至甚细,均匀。木材有光泽。

木材性质:干缩小至中。干材尺寸稳定性中至差。重量中,气干密度 0.56 ~ 0.69 g/cm³,强度、硬度中(见表3-6)。冲击韧性好。不耐腐,抗蚁害性弱。

表3-6 桦木木材力学性质

试材产地	含水率 (%)	顺纹抗压强度 (MPa)	抗弯强度 (MPa)	抗弯弹性模量 (GPa)	树种
美国		39.8	86.1	11.1	北美白桦
欧洲	12	59.9	123	13.3	欧洲桦及疣皮桦
美国	12	58.5	121	13.0	黄桦
美国	气干	57.2	116.2	14.1	黄桦
中国	12	59.9	118.5	13.2	西南桦
中国	12	50.6 ~ 51.1	101.6 ~ 111.4	10.3 ~ 13.1	红桦
中国	12	65.2	132.4	14.5	硕桦
中国	12	48.0 ~ 59.2	96.1 ~ 105.2	9.4 ~ 11.8	白桦

木材用途:宜做地板,也适合做胶合板、细木工板、家具、单板、木梭、鞋楦、车辆、运动器材、乐器、造纸原料等。

九、重蚁木 *Tabebuia* sp.

隶属紫葳科,蚁木属。主要分布于热带南美洲。

木材特征:心、边材区别略明显。心材浅或深橄榄褐色,常具深浅相间纹理。有的带黄绿色条纹;边材黄白色或浅黄白色。纹理直或交错,结构略粗,均匀。有油性感。

木材性质:干后尺寸稳定性良。木材甚重硬,耐磨。气干密度 0.92 ~ 1.15 g/cm³,强度高见表3-7。握钉力良,为防止木材开裂,宜预先钻孔。木材耐腐或甚耐腐,甚抗白蚁危害,不抗海生钻木动物危害。

表 3-7　重蚁木木材力学性质

试材产地	含水率 （%）	顺纹抗压强度 （MPa）	抗弯强度 （MPa）	抗弯弹性模量 （GPa）	树种
巴西		81.0	158.0	18.7	齿叶蚁木
苏里南		77.0	141.0	19.4	齿叶蚁木
法属圭亚那	12.0	104.9	246.1		齿叶蚁木
阿根廷		53.0	94.0	12.0	南美洲蚁木
巴拉圭	12.0	72.6	189.3	16.9	南美洲蚁木
圭亚那		62.0	114.0	14.2	中美洲蚁木
	12.0	89.7	174.0	21.7	本类中的一种.sp.
	12.0	96.5	174.0	20.8	本类中的一种.sp.
	12.0		103.0	23.1	本类中的一种.sp.

木材用途：材色悦目，纹理诱人，宜做建筑、造船、家具、手柄、地板、旋切制品等。

十、缅茄木 *Afzelia* sp.

隶属苏木科，缅茄属。主要分布于热带及亚热带地区。我国主要从非洲西部至中部进口。

木材特征：心、边材区分明显。心材褐色至红褐色，边材浅黄白色。生长轮明显。纹理交错，结构细。木材有光泽。

木材性质：干缩甚小。尺寸稳定性良。质重硬，气干密度 0.80 ~ 0.83 g/cm³，强度高（见表 3-8）。甚耐腐，抗蚁性强，抗酸、耐久。

表 3-8　缅茄木木材力学性质

试材产地	含水率 （%）	顺纹抗压强度 （MPa）	抗弯强度 （MPa）	抗弯弹性模量 （GPa）	树种
科特迪瓦	12	56.8 ~ 73.4	185.4 ~ 201.3	13.2 ~ 17.1	缅茄
加纳		74.0 ~ 77.7	138.0 ~ 121.5	13.7 ~ 14.7	缅茄
几内亚	12	67.7	151.0		缅茄
喀麦隆		71.1 ~ 87.5	149.6 ~ 200.1	14.5	厚叶缅茄
喀麦隆	12	70.7 ~ 73.6	152.2 ~ 162.6	13.2 ~ 14.7	厚叶缅茄
柬埔寨	12	54.0 ~ 71.1	157.4 ~ 160.8		交趾缅茄
喀麦隆	12	73.4 ~ 85.2	176.5 ~ 226.9	14.4 ~ 17.1	喀麦隆缅茄

木材用途：室外耐久性要求高的场合、重型建筑、港口建设、造船、承重地板、高

级细木工、刨切单板、实验室用容器等。

十一、铁苏木 *Apuleia* sp.

隶属苏木科,铁苏木属。分布于热带南美洲。

木材特征:心、边材区分明显。心材主要为黄色,浅黄褐至粉红黄、紫褐色或黄褐色,久则带红或铜色色调;边材白或乳白色,薄。生长轮不明显。纹理直至不规则的鹿斑斑纹,结构细而均匀。有光泽。

木材性质:干缩甚大;木材重至甚重;气干密度 $0.83 \sim 0.88$ g/cm^3,强度高(见表3-9)。耐腐。

表3-9 铁苏木木材力学性质

试材产地	含水率 (%)	顺纹抗压强度 (MPa)	抗弯强度 (MPa)	抗弯弹性模量 (GPa)	树种
巴西	15	53.3	125.3	14.1(生材)	光果铁苏木

木材用途:重硬,宜做地板、家具、细木工板、电杆、枕木、车辆、重型建筑结构材及装饰单板等。

十二、红苏木 *Baikiaea* sp.

隶属苏木科,红苏木属。分布于热带非洲的赞比亚、南非及津巴布韦西北的干旱地区。

木材特征:心、边材区分明显。心材红褐色,并伴有不规则的深褐色条纹;边材浅红褐色。生长轮不明显,纹理直至略交错;结构甚细,均匀。有光泽。

木材性质:干缩甚小;干材稳定性良,木材重,气干密度 $0.73 \sim 0.90$ g/cm^3,强度高。木材甚耐磨,略抗白蚁。

木材用途:耐磨、稳定,材色悦目而宜做承重及装饰地板、家具、雕刻、车辆、造船、农用机械等。

十三、鞋木 *Berlinia* sp.

隶属苏木科,鞋木属。分布于西亚至中非,如喀麦隆、加纳、刚果、扎伊尔、安哥拉等。

木材特征:心、边材区分明显。心材红褐色,具有深棕色或紫色条纹。边材灰白色略带粉红色,生长轮不明显。纹理直至略交错,结构中略匀。具光泽。

木材性质:干缩甚大,干后稳定性中。重量和硬度中等,气干密度约 0.72 g/cm^3,

强度高。不耐腐至略耐腐,抗白蚁。

木材用途:工程结构、重型建筑、细木工板、胶合板、高级家具、木线条、装饰单板、橱柜、车辆等。可替代栎木。

十四、摘亚木/克然吉 *Dialium* sp.

隶属苏木科,摘亚木属。约40种,分布于东南亚及热带南美洲、热带非洲等。

木材特征:心、边材区别明显,即使在原木断面也能明显区分。心材红褐色至暗褐色,生长轮不明显。波痕明显。纹理交错;结构略细至中,略匀;木材具光泽。

木材性质:干缩甚小至小,重至甚重,气干密度 0.92～1.08 g/cm³,强度高(见表3-10)。木材略耐腐。干燥后有开裂倾向。

表3-10　摘亚木木材力学性质

试材产地	含水率 (%)	顺纹抗压强度 (MPa)	抗弯强度 (MPa)	抗弯弹性模量 (GPa)	树种
马来西亚	15	72	134	20.1	越南摘亚木
柬埔寨	12	75	235		越南摘亚木
印度尼西亚	12	100	270	23.5	越南摘亚木
加蓬	12	87～96	181～261		摘亚木
巴西	15	96	199	21.1(生材)	圭亚那摘亚木

木材用途:适宜做家具、地板、器具柄、木模、装饰用材、重型建筑等。

十五、两蕊苏木 *Distemonanthus* sp.

隶属苏木科,两蕊苏木属。主要分布于加蓬、喀麦隆、赤道几内亚、扎伊尔、刚果、尼日利亚、加纳、利比里亚等地。

木材特征:心、边材区别略明显。心材浅黄或黄褐色,微具条纹。边材浅黄白色。生长轮不明显。纹理交错,结构细而均匀。具光泽。

木材性质:重量、硬度、强度及干缩中;气干密度约 0.72 g/cm³。耐腐、抗蚁性中等,具抗硫酸性。

木材用途:家具、细木工板、旋切单板、胶合板、地板、楼梯、化工木通、造船、冷藏绝缘材料等。

十六、格木/塔里 *Erythrophleum* sp.

隶属苏木科,格木属。分布于非洲、大洋洲和亚洲的热带及亚热带地区。现进口地板材主产非洲。

木材特征:心、边材区别明显。心材黄褐色至红褐色,具有深色条纹。边材浅黄色。生长轮不明显。纹理交错,结构中略匀。木材有光泽。

木材性质:干缩大。干材尺寸稳定。木材甚重硬,气干密度 $0.85 \sim 0.90$ g/cm^3,强度高(见表3-11)。甚耐腐,抗蚁蛀及海生钻木动物。

表 3-11　格木木材力学性质

试材产地	含水率 (%)	顺纹抗压强度 (MPa)	抗弯强度 (MPa)	抗弯弹性模量 (GPa)	树种
喀麦隆	12	72.9	115.7	13.1	科特迪瓦格木
加蓬	12	72.8	169.6	18.2	科特迪瓦格木
加纳	12	58.3	136.5		科特迪瓦格木
喀麦隆		83.0	150.0	13.3	科特迪瓦格木
几内亚	12	84.5	166.7		几内亚格木
科特迪瓦	12	84.4	149.0		几内亚格木
越南	12	75.0 ~ 99.1	167.7 ~ 212.8		格木
科特迪瓦	12	84.5	148.6		小花格木
加蓬	12	72.6 ~ 78.8	144.7 ~ 186.3	14.9 ~ 15.4	小花格木
喀麦隆	12	73.4	177.5	16.1	小花格木
		71.0	134	16.3	安哥拉格木
		58 ~ 83	137 ~ 150	13.3	本类中一种
		97.23	162.1	15.5	本类中一种
		55.86	99.3	19.6	本类中一种
		81.37	150.3	17.1	本类中一种

木材用途:重型建筑、耐久性用材、桥梁、港口和码头用材、枕木、重载地板、车辆、工具柄等。

十七、古夷苏木/布宾加 *Guibourtia* sp.

隶属苏木科,古夷苏木属。分布于中非、喀麦隆、赤道几内亚、扎伊尔。

木材特征:心、边材区别明显。心材红褐色,常具紫色条纹,边材白色。生长轮略明显。纹理直至略交错,结构细而均匀。有光泽。

木材性质:干缩大。干材稳定性中。质重,气干密度 $0.87 \sim 0.92$ g/cm³,强度高(见表 3-12)。略耐腐,抗蚁性好。

表 3-12　古夷苏木木材力学性质

试材产地	含水率 (%)	顺纹抗压强度 (MPa)	抗弯强度 (MPa)	抗弯弹性模量 (GPa)	树种
加蓬	12	68.7	195.2		
		70.0	140.0	12.0	特氏古夷苏木
加蓬		66.3	160.3	15.2	特氏古夷苏木
刚果(布)	12	$89.5 \sim 100.4$	$296.5 \sim 289.1$	$23.9 \sim 24.9$	古夷苏木

木材用途:花纹美丽。宜做豪华家具、刨切薄板、装饰单板、地板、乐器、雕刻、建筑、枕木、生活器具等。

十八、鳕苏木/大鳕苏木 *Mora* sp.

隶属苏木科,鳕苏木属。本属 10 种,产于热带南美洲及西印度群岛。

木材特征:散孔材。心、边材区别明显,心材红褐色、深红色,具深浅相间条纹。边材浅黄色,宽 $5 \sim 15$ cm。无特殊气味,具苦味;有蜡质感。木材光泽强。

木材性质:纹理直至交错;结构略粗,均匀;木材甚重,气干密度 0.99 g/cm³;干缩甚大;强度高。耐腐性强,可在室外使用;抗白蚁。握钉力强。

木材用途:建筑、造船、车辆、家具、细木工板、地板、枕木、矿柱、电杆、工具柄、车工制品等。

十九、孪叶苏木/贾托巴 *Hymenaea* sp.

隶属苏木科,孪叶苏木属。本属约 25 种,分布于墨西哥、古巴及南美洲热带地区。

木材特征:心、边材区别明显,心材褐色、深褐色,具有金色光泽,常具有深色条纹。边材灰白色至粉红色,宽木材有油脂感。导管中含树胶或其他沉积物。纹理直至交错;结构略粗至粗,均匀。

木材性质:干缩甚小。干材尺寸稳定性良。木材重硬,气干密度 $0.83 \sim 0.98$ g/cm³,强度高(见表 3-13),颇硬。耐腐、抗蚁蛀。

表3-13　李叶苏木木材力学性质

试材产地	含水率 （%）	顺纹抗压强度 （MPa）	抗弯强度 （MPa）	抗弯弹性模量 （GPa）	树种
巴西	12	75.8	137.2	15.6	李叶苏木
巴西		66.0	134.0	14.9	李叶苏木
法属圭亚那	12	77.9～83.9	179.9～221.5	17.2～19.8	李叶苏木
爪特罗普岛	12	34.6	87.8	21.9	李叶苏木
秘鲁		69.0	127.0	14.7	李叶苏木
圭亚那		84.0	172.0	18.5	李叶苏木

木材用途：建筑、室内装饰、高档家具、（拼花）地板、造船、旋切材、农具、手柄、运动器材、乐器、雕刻等。有时代替红木使用。

二十、印茄木/波萝格 *Intsia* sp.

隶属苏木科，印茄属。本属9种，主要分布于马来西亚沙巴、印尼、越南、巴布亚新几内亚等热带地区。是东南亚木材中最重、硬的木材之一。

木材特征：心、边材区分明显，心材红褐色至褐色，边材浅黄白色。心材导管中含黄色沉积物（可作为鉴别的特征之一）。纹理交错；结构中，均匀。木材具光泽。

木材性质：干缩甚小至中，干材尺寸稳定。木材中至重硬，气干密度0.74～0.94 g/cm^3，强度大（见表3-14）。耐腐、抗蚁蛀。

表3-14　印茄木木材力学性质

试材产地	含水率 （%）	顺纹抗压强度 （MPa）	抗弯强度 （MPa）	抗弯弹性模量 （GPa）
马来西亚	15	58.2	116.0	15.4
菲律宾	12		105.0	13.9
马达加斯加	12	63.7～79.4	152.0～199.1	13.9～16.0
新喀里多尼亚	12	81.6	183.9	12.7

木材用途：木材具带状花纹。用于对强度和耐久性要求较高的场所，如高档家具、地板、床柱以及室内装修等。

二十一、甘巴豆/康帕斯 *Koompassia* sp.

隶属苏木科，甘巴豆属。本属4种，产于东南亚和巴布新几内亚，同属的门格里斯是东南亚最大的树木之一。

木材特征：心、边材区别明显，心材红褐色或砖红色，边材浅黄白色。生长轮略明显或不明显。纹理交错,结构粗。

木材性质:干缩小,干后尺寸稳定性中。木材重至甚重,气干密度 0.77 ~ 0.99 g/cm^3,强度高(见表3-15),不耐腐,不抗白蚁。

表3-15　甘巴豆木材力学性质

试材产地	含水率（%）	顺纹抗压强度（MPa）	抗弯强度（MPa）	抗弯弹性模量（GPa）
马来西亚	15.1	65.6 ~ 72.0	122.0 ~ 133.0	18.6 ~ 20.9

木材用途:木材具美丽带状花纹。适宜做家具、拼花地板、栏杆、重型结构等。

二十二、小鞋木豆/斑马木 *Microberlinia* sp.

隶属苏木科,小鞋木豆属。本属2种,分布于非洲,产于尼日利亚、科特迪瓦、加蓬、喀麦隆、坦桑尼亚和津巴布韦。

木材特征:浅粉红褐色至浅黄褐色,有窄长而又规则的深褐色条纹,特别是该树种特性更加明显。纹理交错;结构粗。

木材性质:木材重中,气干密度 0.79 ~ 0.88 g/cm^3,易加工,当原木长期存放时易腐,易变色。稳定性良。

木材用途:刨切单板可制作乐器、墙板、家具和地板,锯切板可制作乐器和纽扣。

二十三、赛鞋木豆/小斑马木 *Paraberlinia* sp.

隶属苏木科,赛鞋木豆属。分布于喀麦隆、加蓬及非洲赤道地区。

木材特征:心、边材区别明显。心材黄褐色至浅黑褐色,具深浅相间的带状条纹。边材色浅。生长轮略明显。纹理直,结构细而均匀。具光泽。

木材性质:干缩甚大;干材稳定性中。气干密度约 0.77 g/cm^3,强度高。耐腐性中,抗干木害虫及白蚁。

木材用途:刨切薄板、装饰单板、胶合板、高档家具、地板、造船、化工木通、雕刻、农业器具等。

二十四、紫心苏木/紫心木 *Peltogyne* sp.

隶属苏木科,紫心苏木属。本属25种,分布于南美洲热带地区。

木材特征:心、边材区别明显,边材黄白色带有浅粉红色条纹,心材新切面灰褐色至带灰紫色,久则带紫色。紫心苏木的名字源自于心材颜色。纹理直至交错,结构中至略细。木材有光泽。

木材性质:干缩中至大。干材尺寸稳定性良。木材重至甚重,气干密度0.80～1.00 g/cm³,强度高(见表3-16)。耐腐至甚耐腐,抗蚁蛀、抗酸。

表3-16 紫心苏木木材力学性质

试材产地	含水率 (%)	顺纹抗压强度 (MPa)	抗弯强度 (MPa)	抗弯弹性模量 (GPa)	树种
法属圭亚那	12.0	83.0	202.0		具脉紫芯苏木
圭亚那		79.0	155.0	16.9	具脉紫芯苏木
圭亚那		92.0	225.0	17.6	具脉紫芯苏木
苏里南		71.0	132.0	15.6	具脉紫芯苏木
巴西	12.0	91.0	187.0	17.8	圆锥紫芯苏木

木材用途:材色美丽,可作家具、高档地板、体育器材、细木制品、装饰单板、旋切制品等。本类木材可以提取纺织品的染色剂。

二十五、硬瓣苏木 *Sclerolobium* sp.

隶属苏木科,硬瓣苏木属。分布于亚马逊地区、圭亚那,整个中美和西印度群岛也有分布。

木材特征:心、边材区分明显,心材深褐色至紫褐色并具有深紫色条纹,边材近乎白色。生长轮明显。纹理交错,结构较细至中。木材光泽强。

木材性质:干缩径向小。干后稳定性良。木材中重。气干密度0.63～0.80 g/cm³,强度中。

木材用途:宜做重型结构,耐磨旋制品用材、承重地板、装饰地板等。

二十六、柯库木 *Kokoona* sp.

隶属卫矛科,柯库木属。分布于南亚,主要分布于马来西亚。

木材特征:心、边材材色区别明显,心材黄褐或浅褐微红,边材色浅。生长轮不明显。纹理略交错;结构细,不均匀;具光泽。

木材性质:干缩甚小至小;木材重至甚重,气干密度0.89～1.06 g/cm³,强度中(见表3-17)。耐腐性中。

表 3-17　柯库木木材力学性质

试材产地	含水率（%）	顺纹抗压强度（MPa）	抗弯强度（MPa）	抗弯弹性模量（GPa）	树种
马来西亚	生材	53.1	102.0	16.3	
马来西亚	15.0	55.2～70.8	102.0～122.0	16.3～16.8	K. sp

木材用途:木材重硬,经处理后可做梁柱、搁栅、门、承重家具、地板和枕木等。

二十七、浅黄榄仁/浅榄仁 *Terminalia* sp.

隶属使君子科,榄仁属。分布于墨西哥、巴西、秘鲁和圭亚那等地。

木材特征:心、边材区分不明显,心材材色多样,从浅橄榄色至浅褐色、金褐色,常带不规则的红褐色条纹;边材色浅,微黄。生长轮不明显。纹理直或交错,结构略粗至粗。光泽中至略强。

木材性质:干缩大,干后尺寸稳定性良。木材重量中至重。气干密度 0.70～0.90 g/cm³,强度高。耐腐性良,抗白蚁。

木材用途:宜做建筑、造船、家具、枕木、地板、门框、旋切制品等。

二十八、冰片香/山樟 *Dryobalanops* sp.

隶属龙脑香科,冰片香属。约有 9 种,分布于加里曼丹岛和苏门答腊、沙巴、沙捞越、文莱和马来半岛。

木材特征:木材散孔。心材新鲜时红或深红色,后转为红褐色;与边材区别明显。边材黄褐色,宽 2.5～3 cm。生长轮不明显。木材略有光泽;新鲜材有似樟脑的香味;无特殊气味;纹理略交错;结构略粗,均匀。

木材性质:重量重,气干密度 0.58～0.82 g/cm³;干缩小至中,干后材质较稳定;硬度中至大,强度高(见表 3-18)。耐腐中。

表 3-18　冰片香木材力学性质

试材产地	含水率（%）	顺纹抗压强度（MPa）	抗弯强度（MPa）	抗弯弹性模量（GPa）	树种
马来西亚	15.9	61.7	114	18.7	
东南亚	12～15	30.5～61.7	55～114	10.0～18.7	本类

木材用途:木材强度大,处理后宜做枕木、电杆、篱柱、木瓦。木材重,硬度大,宜做地板、梁、搁栅、椽子、门窗及门窗框、楼梯、火车车厢等。

二十九　异翅香/山桂花 *Anisoptera* sp.

隶属龙脑香科,异翅香属。约有 11 种,分布于东南亚、印度、孟加拉国至巴布亚新几内亚等地。主要供材地有印尼、巴布亚新几内亚、马来西亚、沙巴及沙捞越等。

木材特征:心、边材区别明显,木材浅黄色至稻草黄褐色,心材具有桃色条纹,老树心材变成褐色而不明显。纹理通常交错,结构粗。木材光泽弱。

木材性质:干缩小至大。干材尺寸稳定性中。略硬重、略耐腐。气干密度0.53~0.84 g/cm³。木材力学性质表见表3-19。

表 3-19　异翅香木材力学性质

试材产地	含水率 （%）	顺纹抗压强度 （MPa）	抗弯强度 （MPa）	抗弯弹性模量 （GPa）	树种
印度尼西亚	15	36.27	66.18	9.61	
	12~15	26.0~60.2	53~133	9.1~14.3	本类

木材用途:门槛、阶梯、地板、胶合板、室内装饰及家具用材。

三十、龙脑香/克隆 *Dipterocarpus* sp.

隶属龙脑香科,龙脑香属。本属约 62 种,分布于印度、斯里兰卡到中南半岛、菲律宾、印度尼西亚。是最知名的常见东南亚木材之一。

木材特征:心边材区分略明显,心材红褐至深红褐色,边材巧克力色至浅灰褐色。生长轮不明显。横切面上常有树胶渗出形成斑块,具树脂气味。纹理交错,结构粗。木材无光泽。

木材性质:干缩小至大。干材尺寸稳定性中。木材略重至重,硬度中(见表3-20),气干密度 0.58~0.88 g/cm³。耐腐性因树种产地不同,多不耐腐;抗蚁性较差。具抗酸性。

表 3-20　龙脑香木材力学性质

试材产地	含水率 （%）	顺纹抗压强度 （MPa）	抗弯强度 （MPa）	抗弯弹性模量 （GPa）	树种
菲律宾,马来西亚	12~15	51.8~63.8	98~121	17.6~17.8	
东南亚	12~15	43.4~68.1	53~152	12.9~27.2	本类

木材用途:地板、车辆用材、房屋梁柱、镶板及胶合板等。

三十一、娑罗双/梢木 *Shorea* sp.

隶属龙脑香科,娑罗双属。约 167 种。分布于印度到马来西亚、菲律宾、印度尼西亚等。

木材特征:黄色、黄褐色至红褐色。心、边材区分略明显,边材色浅。生长轮不明显。纹理交错,结构略细至细。光泽弱。

木材性质:干缩小。尺寸稳定性中。木材重硬,气干密度 0.84 ~ 1.05 g/cm^3,强度高。耐久,略耐腐,抗白蚁和水生钻木动物危害。

木材用途:宜做重型结构,如码头、桥梁、重型地板、家具、门窗、地下室、器具柄、托板及建筑构件等。

三十二、条纹乌木/乌纹木 *Diospyros* sp.

隶属柿树科,柿树属。分布于世界热带地区,中国也有分布。

木材特征:边材浅红色,心材为黑色,间有浅红色带交互排列,形成特征性的条纹。生长轮不明显。纹理通直至略交错,结构细至甚细。有光泽。

木材性质:干缩性不定。干后尺寸稳定。甚重,气干密度 0.85 ~ 1.09 g/cm^3,强度大。耐腐、耐磨,不抗白蚁侵蚀。

木材用途:材色悦目。宜做装饰品、高级家具、木雕、器具柄及高级工艺品等。

三十三、鲍迪豆 *Bowdichia* sp.

隶属蝶形花科,鲍迪豆属。本属5种,产于热带南美洲。

木材特征:散孔材。心材红褐色至巧克力色,具深浅相间带状条纹;与边材界限明显。边材窄,白色。木材具光泽;无特殊气味和滋味;纹理不规则至交错;结构中至细,均匀。

木材性质:木材重,气干密度 0.89 ~ 1.01 g/cm^3,干缩大,强度高(见表3-21)。耐腐甚佳,甚抗白蚁。

表 3-21　鲍迪豆木材力学性质

试材产地	含水率 (%)	顺纹抗压强度 (MPa)	抗弯强度 (MPa)	抗弯弹性模量 (GPa)	树种
巴西	15	79.9	141		鲍迪豆
巴西	15	92	182	17.9	光鲍迪豆

木材用途:建筑、车辆、造船、家具、装饰单板、胶合板、地板,尤其适用于枕木、矿柱、电杆等耐腐耐久性较高的场所。

三十四、二翅豆 *Dipteryx* sp.

隶属蝶形花科,香二翅豆属。分布于热带南美洲。

木材特征:心边材区分明显,心材黄褐至浅红褐色,常有带状细条纹,边材黄白色。生长轮略明显。呈浅红褐色。纹理交错;结构细至中,略匀。具蜡质感,木材有光泽。

木材性质:干缩大至甚大。干材尺寸稳定性中。材质甚重,气干密度1.07~1.11 g/cm³,强度高(见表3-22)。甚耐腐,抗白蚁等。

表3-22　二翅豆木材力学性质

试材产地	含水率 (%)	顺纹抗压强度 (MPa)	抗弯强度 (MPa)	抗弯弹性模量 (GPa)
巴西	12	97	173	18.0
圭亚那		111	293	
圭亚那		105	200	22.0
	12	95	188	20.9
	12	91	155	20.8

木材用途:甚重硬、耐久。宜做枕木、桥梁、水工设施、室外建筑、重型结构用材,也可用于地板。

三十五、崖豆木/鸡翅木 *Millettia* sp.

隶属蝶形花科,崖豆属,鸡翅木类。分布于刚果、扎伊尔、法国、德国、英国、喀麦隆。

木材特征:心、边材区别明显,交界处有一圈黑线。心材新伐时黄褐色,很快变成紫褐色,久则呈黑褐色;具细密的黑条纹。边材浅黄色。生长轮不明显。纹理直,结构中粗而不均匀。具光泽。

木材性质:干缩中至大。干后尺寸稳定性良。质重硬,气干密度0.80~1.00 g/cm³,强度高。甚耐磨、耐腐,抗白蚁。

木材用途:高档家具、刨切微薄木、室内装饰、地板、细木工、运动器材、雕刻等。

三十六、香脂木豆 *Myroxylon* sp.

隶属蝶形花科,香脂木豆属。主要分布于热带南美洲,如巴西、秘鲁等。

木材特征:心边材区分明显,心材红褐色至紫红褐色,具有浅色条纹。生长轮不明显。纹理交错,结构甚细而均匀。光泽强。

木材性质:干缩中至大,质中至重硬,气干密度0.66~0.95 g/cm³,强度高(见表3-23);耐腐至甚耐腐,抗白蚁和虫菌危害。

表 3-23　香脂木豆木材力学性质

试材产地	含水率(%)	顺纹抗压强度(MPa)	抗弯强度(MPa)	抗弯弹性模量(GPa)
秘鲁		70.0	131.0	17.2
巴西	15.0	71.0	133.0	12.5(生材)

木材用途:高档地板、家具、细木制品、车辆、运动器材等。

三十七、美木豆 *Pericopsis* sp.

隶属蝶形花科,美木豆属。分布于科特迪瓦、法国、喀麦隆、加蓬、加纳、扎伊尔、荷兰、尼日利亚。

木材特征:心、边材区别明显。心材新鲜时黄褐色,久置大气中转暗褐色;边材色浅。生长轮不明显或略见。纹理直至交错,结构略细、匀。有光泽。

木材性质:干缩中。干后尺寸稳定。重量中,气干密度 0.71 ~ 0.86 g/cm³,强度中至大(见表3-24)。含单宁,在潮湿条件下铁质易生锈迹。甚耐腐,抗蚁蛀。

表 3-24　美木豆木材力学性质

试材产地	含水率(%)	顺纹抗压强度(MPa)	抗弯强度(MPa)	抗弯弹性模量(GPa)
科特迪瓦	12.0	63.0	99.5	9.5
		53.7	107.5	11.4
		62.8	133.8	11.3
		71.3	80.0	9.5

木材用途:高档家具、地板、刨切单板、木楼梯、橱柜、车辆等。

三十八、花梨/花梨木 *Pterocarpus* sp.

隶属蝶形花科,紫檀属。分布于缅甸、泰国、老挝等地。

木材特征:心、边材区别明显。心材浅红至暗砖红色,具深色条纹;边材灰白色,窄,宽 2 ~ 3 cm。生长轮明显。纹理交错,结构中。木材具光泽。

木材性质:干缩小至中。干材稳定。质重硬,气干密度 0.82 ~ 0.87 g/cm³,强度高。心材耐腐。

木材用途:高档家具、刨切微薄板、高档地板、室内装饰、雕刻、车辆等。

三十九、亚花梨/非洲紫檀 *Pterocarpus* sp.

隶属蝶形花科,紫檀属。分布于非洲。

木材特征:心、边材材色区别明显。心材材色变化大,通常鲜橘红、砖红或紫红色,久则转为深黄褐或黑褐,常带深色条纹;边材浅黄褐色。纹理直至交错;结构甚粗,略均匀。光泽强,微具香气。

木材性质:干缩甚小;干后稳定性好,重量中。气干密度 $0.64 \sim 0.80$ g/cm^3,强度硬度中等(见表3-25),耐腐、抗蚁蛀及小蠹虫危害。

表3-25　亚花梨木材力学性质

试材产地	含水率 （%）	顺纹抗压强度 （MPa）	抗弯强度 （MPa）	抗弯弹性模量 （GPa）	树种
刚果	12.0	53.7 ~ 58.2	95.8 ~ 128.2	10.7 ~ 12.1	非洲紫檀
		56.5	109.0	14.5	非洲紫檀
南非	12.0	56.5	101.0	15.7	非洲紫檀
	12.0	40.6 ~ 57.1	79.0 ~ 94.4	7.6 ~ 12.4	安哥拉紫檀
		34.0 ~ 44.0	56.8 ~ 67.2	7.9 ~ 9.1	变色紫檀

木材用途:材色花纹美丽,宜做高级家具、细木工板、拼花地板、乐器、门窗、楼梯等。

四十、刺槐 *Robinia* sp.

隶属蝶形花科,刺槐属。落叶乔木或灌木。约20种,原产北美及墨西哥。我国主要引种刺槐。

木材特征:环孔材至半环孔。边材黄白或浅黄褐色,与心材区别明显,甚狭窄;心材暗黄褐或金黄褐色。木材光泽性强;生长轮明显;无特殊气味和滋味。纹理直;结构中,不均匀。

木材性质:重而硬,气干密度 $0.79 \sim 0.83$ g/cm^3,干缩小或小至中,强度高。冲击韧性甚高。

木材用途:木材极耐久,质硬,强度大,抗冲击,最适于做室外用材,如篱柱、坑木、桩材、枕木、电杆及横担、桥梁,以及水工用材、板材等。

四十一、槐木 *Sophora* sp.

隶属蝶形花科,槐属。分布于安徽、山东、广西。

木材特征:环孔材。心、边材区别明显。心材深红或浅栗褐色;边材黄色或灰褐色。生长轮明显,纹理较直;结构中至粗,不均匀。有光泽。

木材性质:干缩中,木材重。气干密度 $0.60 \sim 0.79$ g/cm^3,强度中。耐腐性强。

木材用途:宜做家具、胶合板、装饰材料、地板、运动器械等。

四十二、铁木豆 *Swartzia* sp.

隶属苏木科,铁木豆属。分布于热带非洲和美洲、东南亚等地。

木材特征:心、边材材色区别明显。心材红褐色,久则转深,带紫,并常伴有深浅相间的条纹;边材浅红至浅褐色。纹理深交错,结构细,略均匀。有光泽。

木材性质:干缩中;干材稳定性差。重至甚重,气干密度 $0.89 \sim 1.04$ g/cm^3,强度高。甚耐腐,抗白蚁和菌类危害。

木材用途:重型结构材、桥梁、装饰单板、地板、枕木、高档家具、车辆、造船等。

四十三、栗木 *Castanea* sp.

隶属壳斗科,栗属。分布于国内安徽、江西、湖北等地及克里米亚和高加索等地。

木材特征:心、边材区分明显,心材深褐色,边材白色至浅黄褐色。生长轮明显。纹理直;结构中至粗,不均匀;径面具射线斑纹,有光泽。

木材性质:干缩小至中;木材重中。气干密度 $0.59 \sim 0.70$ g/cm^3,强度高。耐腐性较强。

木材用途:弦面具美丽的"山水状"花纹。宜做建筑、家具、地板、枕木、细木工板等。

四十四、水青冈 *Fagus* sp.

隶属壳斗科,水青冈属。约10种,分布于北半球的温带地区。

木材特征:半环孔材。心、边材区别略明显。心材浅黄褐色微红,经久呈浅红褐色;边材白色。生长轮明显,轮间介以深色晚材带。心材中部常见"红心",浅红色至棕褐色。径切面射线斑纹明显。纹理直,结构细而匀。有光泽。

木材性质:干缩甚大。干材稳定性差。重量中,气干密度 $0.67 \sim 0.72$ g/cm^3,强度中(见表3-26);不耐腐,不抗白蚁。

木材用途:家具、地板、木线条、刨切微薄木、贴面板、旋切单板、胶合板、室内装饰、运动器械等。

表 3-26　水青冈木材力学性质

试材产地	含水率（%）	顺纹抗压强度（MPa）	抗弯强度（MPa）	抗弯弹性模量（GPa）
	12	56.3	118	12.6
英国	12	54.0	112	13.5
欧洲	12	51.8	108	10.1

四十五、栎木/橡木 *Quercus* sp.

隶属壳斗科,麻栎属。广泛分布于北温带及热带高山地区。主要有俄栎冈白栎、二色白栎、加州白栎即琴叶栎、俄洲白栎等。

木材特征:环孔材。边材白色或浅褐色,窄或宽;心材黄褐色或浅栗褐色或深褐色。生长轮甚明显。纹理通常直,结构粗。木材有光泽。径面呈银光花纹。

木材性质:干缩中,干材尺寸稳定性中。重量重或甚重;气干密度 0.75 ~ 0.92 g/cm³,强度中至高。耐腐、抗蚁性弱。

木材用途:木材硬、耐冲击、弹性好、花纹美。宜做地板、家具、刨切单板、铁路枕木、内部嵌板、车厢、橱柜、船、缝纫机台板等。

四十六、毛药木/圭巴卫矛 *Goupia* sp.

隶属毛药树科,毛药树属。分布于南美洲北部。

木材特征:心、边材材色区分不明显或略明显。心材浅粉红至红褐色,有细黑色条纹;边材米黄至浅黄褐色。生长轮不明显。湿材有臭味。结构细,具光泽。

木材性质:干缩中至甚大。干材尺寸稳定性中或差。质中至重,气干密度0.75 ~ 0.95 g/cm³,强度高(见表3-27);耐腐性中,抗白蚁等。

表 3-27　毛药木木材力学性质

试材产地	含水率（%）	顺纹抗压强度（MPa）	抗弯强度（MPa）	抗弯弹性模量（GPa）
		77 ~ 81	141 ~ 158	18.7 ~ 19.4
巴西	15	67	122	13.7（生材）
巴西	15	58	105	14.8
巴西	12	68	131	14.6
苏里南		62	114	14.2
		53	94	12.4
		62	122	14.7
法属圭亚那	12	79 ~ 80	167 ~ 205	

木材用途:强度高,耐久性强,材色诱人。宜做地板、普通家具、细木工板、枕木、矿柱等。

四十七、海棠木/冰糖果 *Calophyllum* sp.

隶属山竹子科,红厚壳属。乔木或灌木,约80种;主产东半球热带地区。

木材特征:木材散孔。心材红褐色,与边材界限明显;边材浅黄或灰红褐色。生长轮不明显。

木材性质:木材具光泽,无特殊气味和滋味;纹理交错;结构中,略均匀。重量中等,气干密度 $0.47 \sim 0.87$ g/cm³;质硬;干缩大,干缩率从生材到气干径向 4.7%,弦向 5.8%;强度中等(见表 3-28)。

表 3-28 海棠木木材力学性质

试材产地	含水率(%)	顺纹抗压强度(MPa)	抗弯强度(MPa)	抗弯弹性模量(GPa)	树种
菲律宾	12	29.3 ~ 38.8	106	8.6	海棠木
巴西	15	42	83	8.2(生材)	巴西海棠木
巴西	15	58	111	12.3	巴西海棠木
	12	60	108	11.8	巴西海棠木
		53	94	12.4	巴西海棠木
		48	101	12.6	巴西海棠木
菲律宾	12	53.4	115	14.8	布兰海棠木
菲律宾	18.6	38.2	77.3	13.4	微凹海棠木
马达加斯加	12	64 ~ 79	160 ~ 189	13.1	小花海棠木

木材用途:木材宜做高级家具、仪器箱盒;建筑方面可做房架、柱子、梁、搁栅、椽子、地板及其他室内装修如门、窗、楼梯等;可供造船,尤其适宜做弯曲部件和肋骨。此外,还可做农具、枪托、高尔夫球柄、乐器等。

四十八、香茶茱萸/德达茹 *Cantleya* sp.

隶属茶茱萸科,角香茶茱萸属。分布于马来半岛及新几内亚岛。

木材特征:心、边材区分略明显,心材黄褐色至黄红褐色,边材浅黄褐色至黄褐色。新切面具香气;纹理交错,结构细而匀。有光泽。

木材性质:干缩甚小。干后尺寸稳定性中或差。木材重至甚重,气干密度 $0.93 \sim 1.14$ g/cm³,强度甚高。耐腐至甚耐腐。

木材用途:重型结构材、试验台、重型家具、重载地板等。

四十九、克莱木/热非粘木 *Klainedoxa* sp.

隶属粘木科,热非粘木属。主要分布在几内亚、刚果、加蓬以及扎伊尔、乌干达、喀麦隆等热带非洲。

木材特征:心、边材区分不明显。心材橘黄或金黄褐色,在空气中久置变成暗褐色;边材黄褐色。生长轮不明显。纹理直或交错,结构细而均匀。木材略具光泽。

木材性质:干缩甚大;干后尺寸稳定性中。质甚重,气干密度 1.02 ~ 1.15 g/cm³,强度高。心材耐腐,易遭白蚁危害。

木材用途:需耐腐的重型建筑用材、水中用材、枕木、农业用材、承重地板、车辆材等。

五十、桂樟 *Cinnamomum* sp.

隶属樟科,樟属。分布于巴新、印度尼西亚、马来西亚、沙巴、菲律宾、缅甸等地。

木材特征:心、边材区别明显,心材黄褐色至红褐色,边材灰褐色,生长轮略明显。纹理交错,结构细而均匀。具光泽,新切面具樟脑气味。

木材性质:干缩小至中;干后稳定性良。木材重量中,气干密度 0.57 ~ 0.72 g/cm³。强度中至高。耐腐性良,抗虫蛀。

木材用途:宜做旋切单板、胶合板、细木工制品、室内装修、家具、雕刻、车旋件等。

五十一、坤甸铁樟木/坤甸木 *Eusideroxylon zwageri*

隶属樟科,铁木属。分布于印度尼西亚、马来西亚、菲律宾等地区。

木材特征:心、边材区别明显。心材浅黄褐色至红褐色,久则转为巧克力褐色;边材窄,金黄色。生长轮略见。纹理直或略斜,结构细中、均匀。木材有光泽。

木材性质:干缩大至甚大。甚重硬,气干密度 1.03 ~ 1.14 g/cm³,强度甚高(见表 3-29)。耐腐性强,抗蚁、抗虫能力强。

表 3-29　坤甸铁樟木木材力学性质

试材产地	含水率(%)	顺纹抗压强度(MPa)	抗弯强度(MPa)	抗弯弹性模量(GPa)
印度尼西亚		71	140	18.4

木材用途:重型结构、房柱、电线杆、码头、桥梁、海桩柱、造船、酸性溶液的容器、重型地板等。

五十二、绿心樟 *Ocotea* sp.

隶属樟科,绿心樟属。分布于拉丁美洲,少数分布于热带南非。

木材特征:心、边材区分明显或不明显。心材黄至黄褐色带绿,伴有不规则条纹;边材色浅。生长轮通常不明显。纹理直至交错,结构细匀。具光泽,新切面有香气。

木材性质:干缩中;干材尺寸稳定性中。木材甚重,气干密度 0.97 ~ 1.03 g/cm³,强度高(见表3-30)。甚耐磨,抗白蚁。

表 3-30 绿心樟木材力学性质

试材产地	含水率 (%)	顺纹抗压强度 (MPa)	抗弯强度 (MPa)	抗弯弹性模量 (GPa)	树种
圭亚那		98.0	240.0	24.50	
		90.0	176.0	25.52	
		90.0	181.0	21.00	
科摩罗岛	12.0	49.5	125.5		柯氏绿心樟
科摩罗岛		55.4	136.8		柯氏绿心樟
马达加斯加	12.0	48.8	112.3		毛脉绿心樟
马达加斯加	12.0	42.9	118.7		聚伞绿心樟
马达加斯加	12.0	44.3	110.3		大果绿心樟
马达加斯加	12.0	55.4	122.1		总花绿心樟
马达加斯加	12.0	51.0	111.3		绍氏绿心樟
法属圭亚那	12.0	41.2	92.7		红尼克樟

木材用途:木材重硬,耐久,花纹美。宜做重型结构材、枕木、桥梁、码头、家具、地板、车船、化工容器等。

五十三、檫木 *Sassafras* sp.

隶属樟科。分布于我国西南及长江流域以南、台湾以及北美。

木材特征:心材褐色带黄或红或绿,有时夹有红褐色或其他色条纹;边材浅黄褐色带灰。纹理直,结构粗不均匀。木材有光泽和较浓的香气。

木材性质:干缩中;干材稳定性高,气干密度 0.58 ~ 0.67 g/cm³,强度中。耐腐蚀性优。

木材用途:因其美丽花纹而宜做高级装饰用材、地板、家具等。

五十四、纤皮玉蕊/陶阿里 *Couratari* sp.

隶属玉蕊科,纤皮玉蕊属。分布于热带南美洲的巴西等地。

木材特征:心、边材区分不明显。心材奶白、浅黄白、浅红白或灰白带黄色,边材色浅。生长轮不明显。纹理直;结构细至中,均匀至略均匀。木材具光泽。

木材性质:干缩中至大;木材稳定性中,重量中。气干密度 0.59 ~ 0.62 g/cm³,强度中(见表3-31)。耐腐性差,抗白蚁、蠹虫和海生钻木动物危害。

表3-31　纤皮玉蕊木材力学性质

试材产地	含水率 (%)	顺纹抗压强度 (MPa)	抗弯强度 (MPa)	抗弯弹性模量 (GPa)	树种
巴西	12	47	89	10.6	椭圆叶纤皮玉蕊
巴西	12	69	134	14.3	星芒纤皮玉蕊
巴西	15	39	97		一种纤皮玉蕊

木材用途:宜做室内装修、家具、地板、胶合板、木模、玩具等。

五十五、木莲/黑杞木莲 *Manglietia* sp.

隶属木兰科,木莲属。主要分布于亚洲的热带和亚热带地区,中国有20多种。

木材特征:心、边材区分明显至略明显。心材黄绿色,边材浅黄白或灰黄褐色。生长轮不明显。纹理直,结构甚细、均匀。木材光泽强,

木材性质:干缩中;干后稳定性良,木材质轻。气干密度 0.45 ~ 0.48 g/cm³,强度低(见表3-32)。略耐腐,略抗白蚁。

表3-32　木莲木材力学性质

试材产地	含水率 (%)	顺纹抗压强度 (MPa)	抗弯强度 (MPa)	抗弯弹性模量 (GPa)	树种
越南		47.7	81.20		木莲
中国	12.0	49.2	89.52	10.15	绿兰
		38.9	70.51	10.76	木莲

木材用途:结构细匀,宜做家具、地板、室内装饰,文具、钢琴外壳、仪器箱、雕刻等。

五十六、米兰/米籽兰 *Aglaia* sp.

隶属楝科,米仔兰属。本属250 ~ 300种,分布在亚洲和大洋洲。主要从东南亚、

巴布亚新几内亚出口。

木材特征:心材明显,心材浅红色至深红褐色,边材色浅。生长轮不明显。纹理通直至交错,结构细至略细。木材具光泽。

木材性质:干缩甚大。重量中,气干密度 0.54 ~ 1.09 g/cm³,强度中(见表3-33)。耐腐。

表3-33　米兰木材力学性质

试材产地	含水率 (%)	顺纹抗压强度 (MPa)	抗弯强度 (MPa)	抗弯弹性模量 (GPa)	树种
中南半岛	12	54.9	101.01		大花木兰
菲律宾	12	54.7	95.3	15.5	伊洛木兰
喀麦隆	12	53.9 ~ 58.8	80.2 ~ 125.5	15.2 ~ 19.4	A. spp.

木材用途:宜做地板、家具及木制品、胶合板等。

五十七、蟹木楝 *Carapa* sp.

隶属楝科,蟹木楝属。分布于南美洲、西印度洋群岛、圭亚那、巴西、秘鲁和厄瓜多尔等。

木材特征:心材暗红褐色,较桃花心木色泽略暗,纹理直,有时略有交错;结构中,偶具美丽花纹,光泽弱。边材浅红褐色。

木材性质:干缩中,干后尺寸稳定性高。气干密度 0.65 ~ 0.72 g/cm³。强度中,略耐腐。

木材用途:因具桃花心木的美丽花纹,宜做家具胶合板、地板等用材。

五十八、卡雅楝/非洲桃花心木 *Khaya* sp.

隶属楝科,卡雅楝属。本属8种,分布在非洲热带地区。有"非洲桃花心木"之称。

木材特征:散孔材。心边材区分略明显,心材红褐至深红褐色。生长轮不明显。管孔肉眼不明显;心材导管中含树胶。木材具光泽,无特殊气味、滋味。结构细,纹理直或交错。

木材性质:干缩中,气干弦向干缩率4.5%,径向2.5%。木材中至重,气干密度0.67 ~ 0.90 g/cm³,干后尺寸稳定。强度中至高(见表3-34),握钉力中。耐腐性中。加工性优良。

表 3-34 卡雅楝木材力学性质

试材产地	含水率（%）	顺纹抗压强度（MPa）	抗弯强度（MPa）	抗弯弹性模量（GPa）	树种
尼日利亚和加纳	12	46.60	77.9	9.0	红卡雅楝
	12	44.34	82.75	9.0	红卡雅楝
		43.12	106.82	10.3	红卡雅楝
		46.41	77.91	9.0	白卡雅楝
		25.8～46.2	51.7～79.2	9.1～10.7	白卡雅楝
加纳	12	45.90	83.00	9.2	白卡雅楝
乌干达	12	44.30	82.70	9.0	白卡雅楝
	12	47.24	68.96		K. sp.

木材用途:宜做室内装修、家具、乐器;也可做地板用材、装饰单板等。

五十九、虎斑楝/虎木 *Lovoa* sp.

隶属楝科,虎斑楝属。分布于科特迪瓦、加蓬、法国、喀麦隆、赤道几内亚、利比里亚、加纳、尼日利亚、塞拉里昂等地。

木材特征:心、边材区别明显;心材金褐色,具黑色细条纹;边材浅灰色。生长轮不明显。纹理交错,结构细而均匀。光泽强。

木材性质:干缩小至中。干材稳定性良。重量轻至中,气干密度 0.54～0.57 g/cm³,强度中(见表 3-35)。耐腐,不抗小蠹虫。

表 3-35 虎斑楝木材力学性质

试材产地	含水率(%)	顺纹抗压强度(MPa)	抗弯强度(MPa)	抗弯弹性模量(GPa)
		48.16	91.99	9.2
刚果		44.30	82.40	11.2
加纳		47.00	80.00	9.68

木材用途:材面美丽,宜做高级家具、刨切薄板、装饰单板、地板、橱柜、车工制品、体育用品等。是黑胡桃木的替代品。

六十、相思木 *Acacia* sp.

隶属含羞草科,相思属。本属约 900 种;广布世界热带及亚热带地区,以大洋洲及非洲为多。

木材特征:散孔材。心材材色变化大,从灰色到暗褐色或黑色;边材白色,宽可达10 cm。生长轮略明显或不明显。木材具光泽;无特殊气味和滋味;纹理直至略交错;结构略粗,均匀。

木材性质:木材重量中等,气干密度 0.58~0.71 g/cm³,干缩小至中,强度中或中至高。不耐腐。

木材用途:家具、细木工、地板、车辆、造船、装饰单板、枕木、电杆、农具、雕刻、化工用木桶、车旋制品。

六十一、硬合欢/大叶合欢 *Albizia* sp.

隶属含羞草科,合欢属。分布于印度、斯里兰卡、缅甸等地。

木材特征:心、边材区分明显。木材暗褐色或栗褐色或核桃褐色,边材色浅。具光泽。深色树脂形成局部斑纹。纹理交错,结构中至粗。

木材性质:干缩中,干后尺寸稳定性高。气干密度 0.58~0.82 g/cm³,强度中。耐腐蚀性中等。

木材用途:宜做装饰性家具、造船细木工用材、地板等。

六十二、阿那豆 *Anadenanthera* sp.

隶属含羞草科,阿那豆属。本属4种,产于热带南美洲。

木材特征:散孔材。心边材区分明显;心材浅褐至粉红褐色,具黑色带状条纹。边材黄褐或浅粉色。生长轮不明显。管孔内含树胶。木材具光泽。纹理不规则或交错。结构细匀。

木材性质:干缩大。木材重至甚重,气干密度 0.89~1.00 g/cm³,强度高。耐腐性强。

木材用途:宜做重型建筑、地板、枕木等,树皮可提取单宁。

六十三、圆盘豆 *Cylicodiscus* sp.

隶属含羞草科,圆盘豆属。分布于尼日利亚、加纳、加蓬、喀麦隆、刚果、科特迪瓦。

木材特征:心、边材区别明显;心材金黄褐色略带绿色调,久则转为红棕色,具深色细条纹;边材浅粉红色。生长轮不明显。纹理交错,结构略粗。具光泽。

木材性质:干缩甚大;干后稳定性良,甚重硬。气干密度可大于 1.0 g/cm³,强度高。木材极耐腐,抗蚁蛀。

木材用途:重型结构、码头用桩、桥梁、矿柱、车辆、重载地板、家具、造船等。可作为红铁木及绿心樟的替代品。

六十四、硬象耳豆 *Enterolobium* sp.

隶属含羞草科,象耳豆属。分布于赤道附近的中、南美各国。巴西亚马孙河流域均有分布。

木材特征:心、边材区分明显。心材淡褐色带深色类纤维状纵向光泽,边材黄白色。纹理不规则,结构较粗。具光泽。

木材性质:干缩中,干后尺寸稳定性良,气干密度 $0.85 \sim 0.95$ g/cm³,强度高。木材极耐腐。

木材用途:建筑、刨切板、胶合板、办公家具、枕木、地板等。

六十五、腺瘤豆/达比马 *Piptadeniastrum* sp.

隶属含羞草科,腺瘤豆属。分布于加纳、科特迪瓦、喀麦隆、扎伊尔、刚果、加蓬、赤道几内亚、尼日利亚、利比里亚、塞拉里昂、乌干达等地。

木材特征:心、边材区别明显。心材浅褐色或金黄褐色;边材灰白色至灰黄色,具黑色同心圆状条纹。生长轮不明显。纹理交错,结构细匀。木材光泽强。

木材性质:干缩甚大,干后尺寸稳定性良。重量中,气干密度 $0.67 \sim 0.80$ g/cm³,强度中。耐腐性中。抗白蚁和干木虫害。

木材用途:建筑装修、甲板、地板、家具、单板、细木工板、电杆、枕木、运动器材、车工制品等。

六十六、木荚豆/品卡多 *Xylia* sp.

隶属含羞草科,木荚豆属。12 种;产热带亚洲、非洲及马达加斯加。

木材特征:散孔材。心材红褐色,具较深色的带状条纹,与边材区别明显;边材浅红白色。生长轮明显,界以轮界状薄壁组织浅。木材具光泽;无特殊气味和滋味;纹理不规则交错;结构细,均匀。

木材性质:木材甚重,气干密度 $0.83 \sim 1.23$ g/cm³。质很硬,体积干缩率11% ～12%,强度甚高。心材极耐腐。

木材用途:主要用于重型结构如码头、桥梁、重载地板、矿柱、枕木、车辆、造船用的桅杆及弯曲部件、农业机械、排水用木板、凿子柄等。

六十七、波罗蜜 *Artocarpus* sp.

隶属桑科,波罗蜜属。分布于巴新、沙巴、印度尼西亚、菲律宾等地。

木材特征:心、边材区别明显。心材草黄色,久则为金褐色;边材浅黄白色,常具褐变。生长轮略明显。纹理直,结构细至中、均匀。木材有光泽。

木材性质:干缩甚小。重量中,气干密度 0.50 ~ 0.95 g/cm³,强度中(见表3-36)。不耐腐、不抗蚁。

表3-36　菠萝蜜木材力学性质

试材产地	含水率 (%)	顺纹抗压强度 (MPa)	抗弯强度 (MPa)	抗弯弹性模量 (GPa)	树种
印度尼西亚	12	27.84	48.84	8.5	弹性桂木
马来西亚	15.2	58.80	107.00	15.5	剑叶桂木
留尼注岛	12	31.19	67.86		缺刻桂木

木材用途:旋切板、地板、一般建筑、室内装修、乐器、细木工板等。

六十八、乳桑木 *Bagassa* sp.

隶属桑科,乳桑属。分布于南美洲北部。标本为圭亚那乳桑。

木材特征:心、边材区分略明显。材色变化大,心材黄褐色,久则渐变为浅褐色、栗褐、栗色至深褐色;边材黄白至灰白。生长轮略明显或不明显,纹理直或略交错,有鹿斑花纹;结构细而均匀。光泽强。

木材性质:干缩小至中;干材稳定性良,木材重。气干密度 0.80 ~ 0.92 g/cm³,强度高(见表3-37),甚耐腐至耐腐,抗白蚁和蠹虫危害。

表3-37　乳桑木木材力学性质

试材产地	含水率 (%)	顺纹抗压强度 (MPa)	抗弯强度 (MPa)	抗弯弹性模量 (GPa)	树种
巴西	12	83	145.3	16.6	圭亚那乳桑
巴西	15	80	138.2	17.8	圭亚那乳桑
法属圭亚那	12	89.0	203		
圭亚那	15	78 ~ 81	158	17.3 ~ 17.7	圭亚那乳桑
法属圭亚那	12	68 ~ 79	111 ~ 168	16.0 ~ 19.8	椴叶乳桑

木材用途:重、硬、弹性好。宜做家具、地板、船骨架、楼梯踏板、体育器材、大木工制品、重型和轻型建材等。

六十九、红饱食桑 *Brosimum* sp.

隶属桑科,饱食桑属。遍及热带和亚热带。现为南美红饱食桑。

木材特征:心、边材区分明显。心材红至红褐色,偶见黑褐色条纹;边材黄白色。纹理直或交错,结构细而均匀。光泽强,有金色反光,誉为"缎状光泽"。

木材性质:干缩中至大;干后稳定性中。木材重至甚重。气干密度 0.80 ~ 1.11 g/cm³,强度高(见表 3-38)。甚耐腐,抗白蚁。

表 3-38　红饱食桑木材力学性质

试材产地	含水率(%)	顺纹抗压强度(MPa)	抗弯强度(MPa)	抗弯弹性模量(GPa)
巴西	12	71	134	16.3
巴西	12	113	196	20.3

木材用途:重硬并有天然缎状光泽而宜做高级家具、细木工制品、雕刻、乐器、装饰品、地板、室内外装修等。

七十、绿柄桑 *Chlorophora* sp.

隶属桑科,绿柄桑属。本属有 12 种,分布于热带美洲、非洲,如马达加斯加。大绿柄桑广泛产于塞拉里昂西部和坦桑尼亚东部。高贵绿柄桑则产于塞内加尔和加纳。

木材特征:新切的心材明显为黄色,渐变为金褐色;边材色浅,明显区别于心材。纹理交错,结构中、略匀,有光泽。

木材性质:干缩小至中。尺寸稳定性良。质轻至中,气干密度 0.56 ~ 0.75 g/cm³,强度中(见表 3-39)。耐磨,甚耐腐,抗蚁蛀和海生钻木动物。

表 3-39　绿柄桑木材力学性质

试材产地	含水率（%）	顺纹抗压强度（MPa）	抗弯强度（MPa）	抗弯弹性模量（GPa）	树种
喀麦隆	12	47.0 ~ 52.1	99.2 ~ 155.0	9.6 ~ 12.0	大绿柄桑
达荷马	12	42.5	127.4	10.6	大绿柄桑
中非	12	54.8	132.7	8.6	大绿柄桑
刚果(布)	12	50.1 ~ 63.7	105.9 ~ 138.3		大绿柄桑
加蓬	12	58.4	123.6	10.8	大绿柄桑
加蓬	12	59.5	153.0		大绿柄桑

续表 3-39

试材产地	含水率 （%）	顺纹抗压强度 （MPa）	抗弯强度 （MPa）	抗弯弹性模量 （GPa）	树种
科特迪瓦	12	50.9～65.0	98.7～155.9		大绿柄桑
科特迪瓦	12	49.3～60.3	118.6～142.7		大绿柄桑
科特迪瓦	12	52.17	94.1	8.63	大绿柄桑
几内亚	12	58.4	97.1		高贵绿柄桑
塞内加尔	12	44.1～58.4	106.1～123.3	7.96～9.8	高贵绿柄桑
巴拉圭	12		211.9	17.65	C. tinctoria
科特迪瓦	12	63.84	148.0	13.83	C. sp
科特迪瓦	12		149.2	11.7	C. sp
		57.0	118.0	9.9	C. sp

木材用途：耐久，宜做地板、家具、刨切单板、雕刻、门窗等用材。

七十一、肉豆蔻 *Myristica* sp.

隶属肉豆蔻科，肉豆蔻属。本科木材常用相同的商品名，在马来西亚称帕纳拉汉。本科约 300 种，分布于热带亚洲、非洲。

木材特征：心、边材区分并不特别明显。木材浅褐色、灰褐色至红褐色；边材浅黄白色，新鲜材带点浅黄白色的粉色。生长轮不明显。纹理大致通直，结构粗。略具光泽。

木材性质：干缩大，干后稳定性中。重量中至重，气干密度 0.72～0.89 g/cm³，强度中至高，耐腐，抗蚁。

木材用途：宜做家具、地板、细木工板、装饰单板、桥梁等。

七十二、铁心木 *Metrosideros* sp.

隶属桃金娘科，铁心木属。本属约 60 种，主要分布于非洲南部、马来西亚东部及大洋州。

木材特征：心、边材区分略明显。心材紫红至巧克力红褐或紫红褐色，边材灰褐色。生长轮不明显。纹理交错；结构甚细，均匀。

木材性质：干缩甚大；干材稳定性差，木材甚重。气干密度 0.98～1.23 g/cm³，强度甚高（见表 3-40）。甚耐腐。

表 3-40 铁心木木材力学性质

试材产地	含水率（%）	顺纹抗压强度（MPa）	抗弯强度（MPa）	抗弯弹性模量（GPa）
印度尼西亚	17.0	35.5	72.2	12.2

木材用途：木材甚重硬，耐腐，宜做承重结构的码头、桥梁、枕木、地板和船等。

七十三、红铁木/伊奇 *Lophira* sp.

隶属金莲木科，红铁木属。分布于科特迪瓦、喀麦隆、加蓬、赤道几内亚、加纳、尼日利亚、塞拉里昂、英国、刚果。

木材特征：心、边材区别明显。心材暗红色至紫棕色，略具细条纹；边材浅玫瑰色。生长轮不明显。导管中具白色沉积物。纹理交错，结构粗。有光泽。

木材性质：干缩甚大。干后尺寸稳定性中至差。甚重硬，气干密度 0.96 ~ 1.07 g/cm^3，强度高（见表 3-41）。甚耐腐，抗白蚁。

表 3-41 红铁木木材力学性质

试材产地	含水率（%）	顺纹抗压强度（MPa）	抗弯强度（MPa）	抗弯弹性模量（GPa）
		86.0 ~ 109.0	207.0 ~ 230.0	13.2 ~ 17.4

木材用途：材质重硬、耐久（是西非著名耐久材）。宜做承重地板、港口建设、重型耐腐建筑结构、桥墩、甲板、家具、雕刻等。

七十四、蒜果木 *Scorodocarpus borneensis*

隶属铁青树科，蒜果木属。分布于马来西亚、印度尼西亚等。

木材特征：心边材区分不明显。心材紫褐色，久置大气中呈深红。生长轮不明显。新切面有蒜味。纹理略斜至交错；结构细而均匀；光泽弱。

木材性质：干缩小。木材重，气干密度约 0.82 g/cm^3，强度中至高（见表 3-42）。耐腐，抗白蚁和水生钻木动物危害。

表 3-42 蒜果木木材力学性质

试材产地	含水率（%）	顺纹抗压强度（MPa）	抗弯强度（MPa）	抗弯弹性模量（GPa）
马来西亚	15.0	57.0	107.0	14.9

木材用途：用于重型结构，如桩柱、桥梁、门窗、地板、造船等。

七十五、硬檀 *Mussaendopsis* sp.

隶属茜草科，硬檀属，分布于马来半岛及印度尼西亚的苏门答腊及婆罗州等。

木材特征：心、边材区分略明显。心材橘黄色，久露大气中转呈黄褐色；边材色浅。生长轮不明显。纹理直或略斜；结构细而匀。

木材性质：干缩甚大，干后尺寸稳定性中。木材重硬。气干密度 0.92～1.03 g/cm³，强度高至甚高。耐腐。

木材用途：柱子、电杆、枕木及家具等。

七十六、白蜡木 *Fraxinus* sp.

隶属木樨科，白蜡树属。分布于俄罗斯、中国。

木材特征：环孔材。心、边材区别明显。心材暗灰褐色，边材黄白色。生长轮明显，宽窄均匀。纹理通直；结构粗，不均匀。具光泽。

木材性质：干缩大至甚大。干材稳定性中。重量中，气干密度 0.51～0.83 g/cm³，强度高。不耐腐。

木材用途：高级家具、地板、刨切薄木、运动器械、室内装修、造船、车辆、军工用材等。

七十七、水曲柳 *Fraxinus* sp.

隶属木樨科，白蜡树属。分布于俄罗斯及中国东北、华北地区。

木材特征：环孔材。心、边材区别明显。心材暗灰褐色。边材黄白色。生长轮明显，宽窄均匀。纹理通直；结构粗，不均匀。有光泽。

木材性质：干缩中至大。干材尺寸稳定性中。重量中，气干密度 0.60～0.72 g/cm³，质坚韧，强度中（见表 3-43）。较耐腐，不抗蚁蛀。

表 3-43　水曲柳木材力学性质

试材产地	含水率（%）	顺纹抗压强度（MPa）	抗弯强度（MPa）	抗弯弹性模量（GPa）	树种
		41.2	87.0	11.0	黑白蜡木
		48.1	95.0	9.7	四棱白蜡木
		48.8	97.0	11.4	红白蜡木
		41.6	88	9.4	阔叶白蜡木
		51.1	103.0	12.0	美洲白蜡木
中国	12	56.16～59.21	118.73～130.26	13.22～14.96	水曲柳

木材用途：花纹美丽，宜做高级家具、刨切薄木、运动器械、室内装修、地板、造船、车辆、军工用材等。

七十八、异味豆 *Dinizia* sp.

隶属含羞草科,异味豆属。本属 1 种;产亚马孙流域、巴西。

木材特征:散孔材。心材红褐色;与边材区别明显。边材浅红灰色。生长轮不明显;木材具光泽;新鲜材或干材遇湿后有不愉快气味,干燥后略有香气;无特殊滋味;纹理交错;结构略粗,略均匀。

木材性质:木材甚重,气干密度 1.09 g/cm³,干缩甚大,强度高。木材耐腐、抗虫和白蚁危害能力强。

木材用途:用于重型建筑、车辆、造船、地板、桥梁、码头用桩、柱、枕木、木桶、走廊扶手、楼梯等。

七十九、竹节木 *Carallia* sp.

隶属红树科,竹节树属。分布于印度、斯里兰卡、泰国、马来西亚、菲律宾、印度尼西亚等。

木材特征:心、边材区分略明显。心材红褐色带橘黄,边材黄褐色。生长轮不明显,纹理直或略斜;结构粗,略均匀。具光泽。

木材性质:干缩甚大;干材稳定性中。木材重,质硬。气干密度 0.84～0.87 g/cm³,强度高或中。略耐腐。

木材用途:具银光纹理,宜做家具、仪器箱盒、室内装修、拼花地板、柱子、枕木等。

八十、马来蔷薇 *Parasternon* sp.

隶属蔷薇科,马来蔷薇属。分布于马来西亚及印度尼西亚等。

木材特征:心、边材区别不明显。心材浅紫红褐色;边材新伐时紫褐色,久露大气转呈灰褐色至浅红褐色。生长轮不明显。纹理直或略交错,结构细而匀。

木材性质:干缩中,干后尺寸稳定性良。木材甚重,气干密度 0.90～1.08 g/cm³,强度高。耐腐。

木材用途:建筑、地板、矿柱、枕木、造船、农业机械及运动器械等。

八十一、樱桃木 *Prunus* sp.

隶属蔷薇科,樱桃木属。分布于加拿大东南至美国东半部。

木材特征:心材从浅至深红褐色;边材近乎白色。生长轮略明显。径面具浅色射线。纹理直,结构细、匀。具显著光泽。

木材性质:干缩中;木材硬度、重中,气干密度 0.50～0.75 g/cm³,强度中上,韧性良好。

木材用途:装饰单板、枕木、家具、箱盒、地板、抢托用材等。

八十二、黄棉木 *Adina* sp.

隶属茜草科,水黄棉属。分布于印度尼西亚、泰国、老挝、缅甸等。

木材特征:心、边材区别不明显。心材黄色,久露大气转呈黄褐色;边材黄白色。生长轮略明显。纹理直,有时斜或略交错;结构甚细,均匀。光泽强。

木材性质:干缩大;干后稳定性中。木材中至重,气干密度 0.58～0.77 g/cm³,强度中至高。稍耐腐,木材耐酸。

木材用途:建筑、地板、造船、家具、单板胶合板、雕刻及试验用桌等。

八十三、重黄胆木 *Nauclea* sp.

隶属茜草科,黄胆属。分布于科特迪瓦、加纳、利比里亚、加蓬、喀麦隆、赤道几内亚、扎伊尔、刚果、尼日利亚、塞拉里昂等地。

木材特征:心边材区别明显。心材深黄色至橘黄色。边材浅黄色或黄白色。生长轮不明显。纹理交错,结构细至略粗。具光泽。

木材性质:干缩大,干材稳定性中。木材重量中,气干密度 0.67～0.78 g/cm³,强度中。极耐腐,抗蚁性强。

木材用途:建筑工程、高级耐腐室外用材、造船、码头、枕木、装饰单板、地板、楼梯扶手、家具、细木工等。

八十四、巴福芸香 *Balfourodendron* sp

隶属芸香科,巴福芸香属。本属1种,分布于南美洲的巴西南部至阿根廷北部。

木材特征:散孔材。心边材色区分布明显至略明显;心材浅黄、柠檬色、黄褐至粉红黄色,久则转为带红或铜黄色;边材色浅、薄。生长轮不明显。结构甚细,不匀。木材光泽中。

木材性质:干缩甚大,全干弦向干缩率8.8%～9.6%,径向4.6%～4.9%。木材重至甚重,气干密度约 0.80 g/cm³,强度高(见表3-44)。不耐磨,心材防腐剂浸注困难。

表 3-44　巴福芸香木材力学性质

试材产地	含水率(%)	顺纹抗压强度(MPa)	抗弯强度(MPa)	抗弯弹性模量(GPa)
巴西	15	58.94	137.20	13.6(生材)

木材用途:木材结构细,天然花纹美丽,用途与硬槭或桦木类似,适宜制作车旋制品的鞋跟、纺织滚筒等以及家具、地板等。

八十五、天料木/马拉斯 *Homalium* sp.

隶属天料木科,天料木属。分布于巴布亚新几内亚、马来西亚、印度尼西亚、菲律宾、缅甸等地。

木材特征:心、边材区分通常不明显。心材橘黄色至红褐色,边材色较浅。生长轮不明显。纹理直,稀交错;结构细而均匀。木材具光泽。

木材性质:干缩很小;干后木材稳定性良,木材重。气干密度 0.74 ~ 0.84 g/cm³,质硬,强度中至高。耐腐性中,抗蚁性中。

木材用途:重型建筑的桥梁、码头、造船、家具、地板、车辆、电杆、矿柱、枕木等。

八十六、番龙眼/唐木 *Pometia* sp.

隶属无患子科,番龙眼属。约 10 种,分布于中国南部,亚洲热带地区、巴布亚新几内亚、萨摩亚、主要来自巴布亚新几内亚和所罗门群岛,出口量大。原木会被腐朽菌侵染,大量进口时需预防。

木材特征:心,边材区别略明显。心材褐色、红褐色、桃褐色至深红褐色;边材色稍浅,仅导管槽带有红色。

木材性质:纹理通直至交错;结构粗;重量中等,气干密度 0.62 ~ 0.80 g/cm³,耐久性并不特别高。易锯解、刨光,加工性良好。

木材用途:广泛用于家具制造、内部装饰和其他木制品。

八十七、油无患子 *Schleichera trijuga*

隶属无患子科,油无患子属。分布于印度、缅甸、菲律宾、印尼及马来西亚等地。

木材特征:心、边材区分明显。心材浅红褐色;边材灰白,微带褐白。生长轮不明显,纹理交错,结构细而均匀。木材具光泽。

木材性质:干缩性中,干后木材稳定性良,重、硬。木材含水率 12% 时密度为 0.95 g/cm³,强度大。不耐腐,但室内耐久性强。

木材用途:在要求强度、韧性大的场所使用,如建筑用柱子、工具柄等。在英国曾作琴弓。

八十八、甘比山榄 *Gambeya* sp.

隶属山榄科,甘比山榄属。本属14种,产于热带美洲和非洲。非洲甘比山榄产于刚果,并是该类中最好的木材。

木材特征:心材不明显。新切的木材色浅,渐变为粉红色,带褐色的黄色至黄褐色。呈现不规则的深色条纹。纹理通直至略交错,结构略细至略粗。

木材性质:木材重中,尺寸稳定性良。气干密度 $0.56 \sim 0.75$ g/cm³。

木材用途:一般用于建筑用材,车辆用材、地板、器具柄、装饰、家具、橱柜。

八十九、比蒂山榄/比蒂斯 *Madhuca* sp.

隶属山榄科,子京属。分布于亚洲的南部及东南亚地区。

木材特征:心、边材区分明显。心材红褐色至紫、巧克力红褐色,边材黄褐色至紫灰褐色。生长轮不明显或明显。纹理直至略交错,结构略细匀。木材具光泽。

木材性质:干缩小至中;干后稳定性中,木材重至甚重,气干密度 $0.82 \sim 1.12$ g/cm³,强度中至高(见表3-45)。极耐腐。

表3-45　比蒂山榄木材力学性质(指属中组成本类的木材)

属名	全干干缩率 (%)		气干干缩率 (%)		基本密度 (g/cm³)	气干密度 (g/cm³)	顺纹抗压强度 (MPa)	抗弯强度 (MPa)	抗弯弹性模量 (GPa)
	弦向	径向	弦向	径向					
子京属	7.3~9.6	3.9~6.8	4.0	2.8	0.92	0.82~1.20	46.7~90.3	97.1~117.0	11.8~23.8
胶木属			1.9~3.6	1.0~3.0					

木材用途:甚重硬,强度甚高,宜做承重地板、拼花地板及耐久结构的码头、桥梁、车船,也宜做门窗、细木工、工具柄等。

九十、铁线子 *Manilkara* sp.

隶属山榄科,铁线子属。本属70种,分布于世界热带地区。巴布亚新几内亚树种为 *M. kanosiensis*。

木材特征:心、边材区别不特别明显,心材红褐色、深红褐、浅栗或带紫褐色,边材略浅。纹理通常直,偶见交错;结构细匀。木材无光泽。

木材性质:干缩中至甚大。干材尺寸稳定性差。木材甚重、硬。气干密度 1.03 ~ 1.15 g/cm³,强度高(见表 3-46)。耐腐、耐磨。

表 3-46 铁线子木材力学性质

试材产地	含水率(%)	顺纹抗压强度(MPa)	抗弯强度(MPa)	抗弯弹性模量(GPa)	树种
	12.0	80.7	188.1	23.8	二齿铁线子
	12.0	91.7	201.4	24.3	二齿铁线子
南美洲北部		81.0		18.7	二齿铁线子
		90.0	190.0	19.6	二齿铁线子
		80.0	188.0	23.8	二齿铁线子
		105.0	225.0		二齿铁线子
法属圭亚那	12.0	92.2	217.7		二齿铁线子
巴西	15.0	60.8	147.5	12.7	圭亚那铁线子
科特迪瓦	12.0	84.5	189.3		撕裂铁线子
科特迪瓦	12.0	92.2	243.9	21.0	撕裂铁线子
科特迪瓦	12.0	89.2	289.0	17.6	撕裂铁线子

木材用途:用于耐久性要求高的场所,如重型结构、地板、桥梁、骨架等。

九十一、黄山榄 Planchonella sp.

隶属山榄科,山榄属。本属约 100 种,分布于东南亚、大洋洲及南美洲。

木材特征:散孔材。心边材区分不明显,心材草黄色,边材浅黄色。生长轮不明显。纹理直或交错,结构细匀。木材具光泽。

木材性质:干缩大。干后尺寸稳定中。木材重,气干密度 0.87 ~ 0.91 g/cm³,强度高(见表 3-47)。耐腐性差。加工性优良。

表 3-47 黄山榄木材力学性质

试材产地	含水率(%)	顺纹抗压强度(MPa)	抗弯强度(MPa)	抗弯弹性模量(GPa)
		68.0	136.0	13.4

木材用途:宜做重型结构、室内装修、家具、普通地板。

九十二、猴子果 Tieghemella sp.

隶属山榄科,猴子果属。分布于热带西非如科特迪瓦、加蓬、利比里亚、喀麦隆、刚果、加纳、尼日利亚等。

木材特征:心、边材区别不明显,心材浅玫瑰色至深红褐色,边材浅粉红色。生长轮不明显。纹理直至略交错,有丝光花纹;结构细而均匀。光泽强。

木材性质:干缩中,干材稳定性良。重量和硬度中,气干密度 0.62 ~ 0.70 g/cm³,强度高(见表3-48)。极耐腐,抗白蚁。

表3-48 猴子果木材力学性质

试材产地	含水率 (%)	顺纹抗压强度 (MPa)	抗弯强度 (MPa)	抗弯弹性模量 (GPa)	树种
		67.3	150.6	11.3	猴子果
科特迪瓦		53.3	101.0	10.1	猴子果
加蓬		55.9	138.4	10.1	非洲猴子果

木材用途:强度高、耐久、花纹美丽。宜做刨切单板、细木工制品、地板、家具、木线条、车旋制品、精密仪器、雕刻等。

九十三、四籽木/马可热 *Tetramerista* sp.

隶属四籽木科,四籽树属。分布于马来西亚、印度尼西亚等。

木材特征:心、边材材色,生材时区分不明显,干后较明显。心材草黄至浅褐,常伴有橘红褐色斑,有蜡质感;边材浅干草黄或浅黄色。生长轮通常不明显。纹理直或略斜;结构细至中,均匀。具光泽。

木材性质:干缩中;干后稳定性良,木材重。气干密度 0.78 g/cm³,强度中至高(见表3-49)。耐腐。

表3-49 四籽木木材力学性质

试材产地	含水率(%)	顺纹抗压强度(MPa)	抗弯强度(MPa)	抗弯弹性模量(GPa)
马来西亚	18.9	49.4	87.0	15.4

木材用途:宜做地板、细木工制品、车辆、造船、家具等。

九十四、荷木 *Schima* sp.

隶属山茶科,荷木属。本属15种,分布于喜马拉雅山脉至东南亚。

木材特征:心、边材区别并不特别明显。木材粉红褐色至红褐色,有时深红褐色;边材浅灰色。生长轮略明显。纹理交错,结构细匀。

木材性质:干缩中,重,硬性中,气干密度 0.61 ~ 0.75 g/cm³,强度中。稍耐腐,抗蚁性弱。

　　木材用途:木材细纹均匀,为制纱管、线心之良材。主供家具、环具、装修等用。

九十五、榆木 *Ulmus* sp.

　　隶属榆科,榆木属。分布于中国、美国各地。

　　木材特征:心材浅褐色常带红色;边材近乎白色。纹理呈波纹状,结构粗。具光泽。

　　木材性质:干缩中,质中,气干密度 $0.54 \sim 0.66$ g/cm^3,强度中,弯曲性优良。

　　木材用途:宜做家具、农用器械、地板、车辆等。

九十六、榉木 *Zelkova* sp.

　　隶属榆科,榉木属。约 10 种。主要分布于日本、伊朗,中国亦有分布。

　　木材特征:环孔材。心、边材区分明显,心材浅褐色带黄,边材黄褐色。生长轮明显。纹理直;结构中,不均匀。木材光泽强。

　　木材性质:干缩大;干后稳定性中。质重,气干密度 0.78 g/cm^3,强度高(见表 3-50)。

表 3-50　榉木木材力学性质

试材产地	含水率(%)	顺纹抗压强度(MPa)	抗弯强度(MPa)	抗弯弹性模量(GPa)
中国	12.0	54.9	142.9	12.9

　　木材用途:重硬,强度高,花纹美丽,宜做装饰、乐器、木船、纺织、拼花地板、高档家具等。

九十七、柚木 *Tectona grandis*

　　隶属马鞭草科,柚木属。柚木生长在缅甸、印度、泰国的常绿季雨林中。由于价值高,缅甸和泰国的天然林原木及印度尼西亚爪哇的人工林原木在国际市场上享有盛名。

　　木材特征:心、边材区别明显。边材黄白色;心材颜色随产地不同而有所变化,金褐色至深褐色,常具深色条纹。具皮革气味和触之有油性感。纹理通直,结构粗。木材有光泽。

　　木材性质:干缩小,稳定性优良。重量中,气干密度 $0.57 \sim 0.70$ g/cm^3,强度大(见表 3-51)。耐腐,抗蚁蛀及海生钻木动物危害。

表 3-51　柚木木材力学性质

试材产地	含水率(%)	顺纹抗压强度(MPa)	抗弯强度(MPa)	抗弯弹性模量(GPa)
中国云南	12.0	57.29	115.66	10.45
马来西亚	15.0	45.80	86.00	10.30
菲律宾	12.0	42.40	88.00	13.20
缅甸		60.40	106.00	10.00
尼日利亚		51.90 ~ 57.20	100.00 ~ 111.00	10.00 ~ 11.20
多哥		49.23	140.14	9.02
多哥	12.0	57.66 ~ 62.96	113.76 ~ 121.11	
科特迪瓦		49.03 ~ 63.84	137.49 ~ 158.77	11.96 ~ 13.83
喀麦隆	12.0	50.31 ~ 67.18	111.32 ~ 120.13	
老挝	12.0	52.96 ~ 60.31	126.51 ~ 142.2	

木材用途：高级家具、橱柜、建筑用材，集成材贴面及高级地板等，为世界四大名木之一。

九十八、牡荆 *Vitex* sp.

隶属马鞭草科，牡荆属。本属约 250 种，主要分布于亚洲热带地区。

木材特征：心、边材区别并不特别明显。木材黄褐色至带绿的深褐色。纹理通直至交错，结构略细而匀。木材具光泽。

木材性质：木材干缩中。重量中至重，气干密度 0.70 ~ 0.80 g/cm^3，强度中(见表 3-52)。耐腐、抗蚁。

表 3-52　牡荆木材力学性质

试材产地	含水率(%)	顺纹抗压强度(MPa)	抗弯强度(MPa)	抗弯弹性模量(GPa)	树种
印度尼西亚		55.1	83.4	12.3	高发杜荆
		68.2	134.8	18.6	高发杜荆
菲律宾	12.0	65.1	120.0	13.8	高发杜荆
科特迪瓦	12.0	47.6	123.6	7.0	非洲小花杜荆
加蓬	12.0	46.8 ~ 49.9	90.2 ~ 129.5		厚叶杜荆

木材用途：用于建筑、枕木、木雕、地板、家具及橱柜等。

九十九、夸雷木 *Qualea* sp.

隶属独蕊科,夸雷木(上位独蕊)属。分布于亚马孙河流域,分布极广。圭亚那、苏里南也有分布。

木材特征:心、边材区分不明显,心材灰色至褐色,边材浅黄色带褐色。纹理直带波纹,结构中粗,生长轮明显。

木材性质:干缩中,干后稳定。木材较重,气干密度 $0.65 \sim 0.75$ g/cm^3,强度中。耐腐性中等。

木材用途:胶合板、刨切单板、地板等。

一百、维蜡木 *Bulnesia* sp.

属蒺藜科,愈疮木属。分布于西印度群岛、墨西哥热带海岸、中美洲西海岸、哥伦比亚北部等。

木材特征:心、边材区分明显。心材新鲜时浅至深橄榄绿褐色或近黑巧克力色,久则转为暗绿色并伴带灰几乎黑色的条纹;边材浅黄色。生长轮略明显。纹理常交错,结构细而均匀。有光泽,具香味。

木材性质:干缩大或甚大;干后尺寸稳定性中,甚重硬。气干密度 $1.14 \sim 1.28$ g/cm^3,强度高。甚耐腐,耐磨,抗白蚁等危害。

木材用途:海港设施、车旋制品、车轮轨道、纺织用材、体育用材、木珠工艺品等。

第五节　实木地板的优缺点

一、实木地板的优点

实木地板选用天然木材直接加工而成,是名副其实的绿色建材产品。其质感、材色和美丽丰富的天然纹理是其他地面材料所无法比拟的。既保留了天然木质材料视觉感强、足感舒适的优良性能,又具有自然温馨、高贵典雅的室内装饰作用。

(1)自然视觉感强,纹理美观,结构细腻,富于变化,色泽天成,给人一种回归自然、返璞归真的感觉。

(2)采用天然木材,无污染源,并且很多木材还含有对人体健康有益的成分,具有保健功效。

(3)不导电,具有隔音、吸音功能;同时木材导热系数小,故作为地面材料它有很好的调温作用,因此不易导热,保温性能好,与其他实木家具等材料在一起,还能够调节室内温度;具有吸湿和脱湿功能,在潮湿和寒冷的天气里,地板表面也不易产生结露,造成地面打滑的现象。

(4)由于实木地板铺设一般都有龙骨,且地板具有木材的天然弹性,因此走在上面具有良好的温度、脚感,舒适宜人。同时地板具有一定的缓冲作用,对家人,特别是老人小孩都是一种保护。

(5)具有轻质、加工简便、维护方便、原材料可再生、复用等特点。

(6)具有较好的耐用性,实木地板由整块木料加工而成,现在市场上的实木地板厚度较厚,一般为 18 mm,这样的厚度确保了耐磨性。直到现在,很多老房子的实木地板依然结实耐用,就是很好的例证。

二、实木地板的缺点

作为地板材料,木材缺点与其优点一样,也是鲜明且突出的。

(1)不易安装,保养要求高。实木地板对安装的要求较高,一旦安装得不当,会造成一系列的问题。使用中会遇到室内环境过于潮湿或干燥时容易起拱、翘曲或变形等问题。并且铺装好之后还要经常打蜡、上油,否则地板表面的磨损加快,光泽很快就消失,影响美观。

(2)价格高昂。由于实木地板都是采用天然木材,来源有限,且是装修档次的象征,因此价格一直高高在上,甚至是同类强化木地板价格的 2～5 倍,不是一般家庭能够承受的。

第四章　木地板其他常见类型

木地板一般按结构和材料可以分为实木地板、实木复合地板、浸渍纸层压木质地板(强化地板)、竹地板四大类,前三类为比较常见的热门地板,后续延伸出了十几种木质地板。另外,也有功能性地板,如地采暖木地板、防静电地板、纳米抗菌地板等。

第一节　浸渍纸层压木质地板(强化木地板)

一、概述

浸渍纸层压木质地板,也叫强化木地板、强化地板,由于一些企业出于不同的目的,往往会自己命名一些名字,例如超强木地板、钻石型木地板等,不管其名称多么复杂、多么不同,这些板材都属于浸渍纸层压木质地板。这些板材并不使用实木,所以用"复合木地板"一词是不合理的,合适的名字是"复合地板"。国家对于此类地板的标准名称是:浸渍纸层压木地板。强化地板俗称"金刚板",标准名称为"浸渍纸层压木质地板"。

二、结构

浸渍纸层压木质地板一般有四层结构,分别为耐磨层(表层)、装饰层、基材层、平衡层(防潮层),见图4-1。

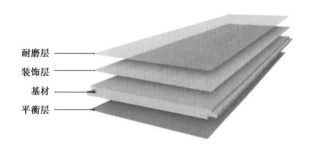

耐磨层 ——
装饰层 ——
基材 ——
平衡层 ——

图 4-1　浸渍纸层压木质地板结构

(一)耐磨层(表层)

最大的特性:耐磨性,经久耐用。

耐磨的因素:三氧化二铝(Al_2O_3)或碳化硅(SiC)均匀而细密地附在装饰层的表面。

衡量耐磨性的好与坏:取决于耐磨层中 Al_2O_3 和 SiC 的含量,含量越多,表面耐磨性就越大。

(二)装饰层

一层印刷纸,电脑仿真技术印制而成。

装饰层有两种结构:①装饰纸;②装饰纸和底层纸。

底层纸作用:使装饰层具有一定的厚度和机械强度,厚 $0.2 \sim 0.3$ mm。装饰纸图案种类有平光、镶石、珍珠、凸凹纹、木纹。

(三)基材层

基材是强化地板的主要结构,决定产品的品质。

采用中密度纤维板(MDF)、高密度纤维板(HDF)、刨花板,通常以松木、杨木、杂木等速生材为主要原料。

(四)平衡层(防潮层)

采用热固压树脂装饰层压板、浸渍胶膜纸或单板。

厚度约等于耐磨层加装饰层,有防潮和稳定产品尺寸的作用,使地板在加工和使用过程中受力均匀。

三、类别

(1)从厚度上分有薄的和厚的(7 mm、8 mm、12 mm)。

从环保性上来看,薄的比厚的好。因为薄的单位面积用的胶比较少。厚的密度不如薄的高,抗冲击能力差,但脚感稍好。

(2)从规格上分有标准型、宽板型和窄板型。

标准型宽度一般为 $191 \sim 195$ mm。长度 1 200 mm 左右和 1 300 mm 左右。宽板型,长度多为 1 200 mm 左右,宽度为 295 mm 左右。窄板型,长度在 $900 \sim 1000$ mm,宽度基本上在 100 mm 左右。近似实木地板的规格,多数叫仿实木地板。标准的规格是欧洲地板生产者协会多数成员采用的。我国进口世界上最先进的强化地板加工流水线,也是采用标准规格。常说的一句话:"进口的没有宽板规格和厚度 12 mm 左右的尺寸",应该是绝大多数进口的地板没有宽板规格和加厚的尺寸。宽板规格是我国的强化地板加工企业为了满足消费需求自己发明的。它的优点是看着大方,地板的缝隙相对少。多数为加厚的,即 12 mm 左右。一般表面的装饰纸都是国产的,花色变化多,比较灵活,由德国夏特公司提供。窄板规格也是我国的特点,主要是仿实木地板。实木地板大方,但价格高,稳定性不好;我国的地板厂商制造出仿实木地板,其规格与实木地板一样,价格便宜,稳定性又好,四边做成 V 形槽的,能以假乱真,厚度基本上在 12 mm 左右。在市场推行后,很受欢迎。

(3)从表面涂层分,有三氧化二铝的、三聚氰胺的、钢琴漆面的。

标准的强化地板表面,应该都是含有三氧化二铝耐磨纸的。它有 45 g、38 g、33 g,还有更低的,直接在装饰纸上喷涂三氧化二铝。国家标准规定,商业用的强化地板的表面耐磨转数应该在 6 000 转以上,只要用 46 g 耐磨纸的地板,才能保证达到要求。38 g 耐磨纸的耐磨转数可以达到 4 000 ~ 5 000 转;33 g 更低;直接喷涂三氧化二铝的,能达到 2 000 ~ 3 000 转就很好了。耐磨转数低的,材料成本比较低;由于它耐磨程度低,加工时的刀具成本也低。相反,耐磨转数高,本身的成本就高出不少。三聚氰胺表面涂层的,一般用于墙板、桌面板等耐磨程度要求不高的地方。在地板行业内将这类表面涂层的地板称为"假地板"。它的耐磨转数只有 300 ~ 500 转。使用强度大的话,两三个月表面的装饰纸就会磨损。标准的强化地板正常使用 10 年都不会出现这样的问题。这类地板装饰纸上面没有耐磨层,看起来花纹好看、清楚,用手摸着也比较光滑,这正是外行容易上当的地方。钢琴漆表面涂层的,实际上是将用于实木地板表面的油漆用于强化地板。采用的是比较亮的油漆而已。这种涂层的耐磨程度远不能与三氧化二铝表面相比。它的耐磨程度低,实木地板都在向具有高耐磨程度的方向发展。

(4)从地板的特性上来分有水晶面的、浮雕面的、锁扣的、静音的、防水的等。

水晶面的基本上就是平面的,好打理,好收拾。

浮雕面的从正面看,与水晶面没有区别,侧面看,用手摸,表面有木纹状的花纹。

锁扣的地板,接缝处采用锁扣形式,即控制地板的垂直位移,又控制地板的水平位移;原来的榫槽式,即常说的企口地板,只能控制地板的垂直位移。再早的木地板块,接缝处没有榫槽,哪方面的位移都控制不了,所以地板块经常翘起,走路绊脚,多有不便。

静音的地板,即在地板的背面加软木垫或其他类似软木作用的垫子。用软木地垫后,踩踏地板的噪声可降 20 dB 以上(引自软木地垫工厂的资料),起到增加脚感、吸音、隔音的效果。这对提高强化地板舒适性起到积极的作用,也是强化地板今后发展的一个方向。

防水的地板,在强化地板的企口处涂上防水的树脂或其他防水材料,这样地板外部的水分潮气不容易侵入,内部的甲醛不容易释出,使得地板的环保性、使用寿命都得到明显提高;尤其是在大面积铺设,不便留伸缩缝,加压的条件下,可以防止地板起拱,减少地板缩缝。

综上所述,浮雕的,立体感强,美观;如果用相同克数的耐磨纸,水晶的比浮雕的耐磨程度相对高点;静音的脚感很好,但价格贵;防水的,性价比很高。

倒角滚漆是一种加工工艺,是将地板上边沿切去一些,然后涂上油漆遮盖基材颜色,使之边沿颜色更加有层次感,与实木地板神似,故而深受广大消费者喜欢。倒角滚漆后的板子铺成之后,板与板之间的上沿有一条极浅的小缝,容易积累灰尘,不方便清理,并且生产过程中容易污染板面。不倒角的板子就没有这样的问题。

模压板的显著特点是板子上边沿向下有弧度的凹陷,两板拼合之后结合紧密,但是有一条小沟,业内称之为 U 形槽或 V 形槽,这种板子绝大多数情况下是强化地板。模压板一个巨大的优点是方便清理,小沟之中的灰尘清理起来非常方便,只要抹布或拖把一抹即可。

四、选购事项

(一)环保

对强化木地板而言,地板环保的最主要标准在于甲醛释放量。对甲醛释放量标准的限定上,地板界总共经历了 E_1、E_0、FCF 三次技术革命。在较早阶段,人造板的甲醛释放量标准为 E_2 级(甲醛释放量≤30 mg/100 g),其甲醛释放限量很宽松,即使是符合这个标准的产品,其甲醛含量也可能要超过 E_1 级人造板的 3 倍多,严重危害人体健康,所以绝对不能用于家庭装饰装修。

于是有了第一次环保革命,在这次环保革命中,地板界推行 E_1 级环保标准,即甲醛释放量为≤1.5 mg/L,虽然对人体基本上不构成威胁,但地板中仍残留着许多游离甲醛。地板行业又开始了第二次环保革命,推出了 E_0 级环保标准,使地板甲醛释放量降低到 0.5 mg/L。辨别地板是否环保的最好方法就是用起子和锤子把地板从锁扣的地方撬开,让地板基材大面积地裸露出来,然后用鼻子闻,好的地板应该是木头的味道,差的有很强的刺鼻味。

(二)品质

首先,好地板要选择好材料,好材料要天然,密度高而适中。有些人认为人造板密度越高越好,其实不然,过高的密度,其吸水膨胀率也高,容易引起尺寸变化而导致地板变形。

其次,要依靠先进的地板生产线、设备及严谨的工艺,才能生产出一流的地板。判断地板品质的优劣也可以从质量检测证书,以及其他诸如"国家质量免检产品""ISO9001 质量体系认证""ISO14001 环境体系认证"等荣誉证书来衡量,因为这些荣誉的获得必定是一个企业精细化经营的结果。

最重要的还是看口碑，也就是消费者的评价，现在一些消费者在购买使用某种产品后，会在网上写评论，尤其是针对质量差的，一般都会提出质疑。这样就可以发现一个品牌的品质是否好。

（三）服务

服务关系到产品质量的保证，也是企业形象的表现。地板产品在安装不久后出现一些变形、起翘、开裂的问题，很多是安装不当造成的。因此，服务是否专业化，也影响到产品性能的发挥。地板安装流行无尘安装，家装中粉尘污染不可小觑，如在地板安装工程中，就难免会出现木屑及粉尘飘浮在空气中，其危害同样是长期而严重的。搬进新房的人们常会得一种"新居综合症"的怪病，例如每天清晨起床时，感到憋闷、恶心，甚至头晕目眩；容易感冒；经常感到嗓子不舒服，呼吸不畅，时间长了易头晕、疲劳等。这是因为呼吸道受到了感染，而最大的诱因就是长期悬浮在空中的粉尘侵扰。为了避免粉尘污染，最好选择无尘安装。

（四）品牌

品牌的含义决不止于企业的知名度。一个成熟且又成功的品牌，最后拥有的并不是强势和知名度，而是与消费者形成牢固的心理联系。一个得到大家认可的品牌是通过企业、产品与消费者之间长期的互动而建立起来的，它是时间的积累、企业的切实行动、产品与服务的不断提升等诸多因素在消费者心目中滋生出来的。企业品牌，即是企业的一种承诺，一种态度，对消费者来说，是一种保障。因此，消费者选择产品时最好选择大品牌，以得到质量、服务等多方面更好的保障。

（五）价格

在如今的建材行业内，存在很多牟取暴利，甚至损害消费者利益的事件，不是最贵的就是最好的，风气败坏导致了消费者信任度降低。价格处于混乱状态，消费者也感到迷茫，不知道自己的付出是否物有所值，因此都希望了解有一个相对透明的价格。且各地加盟专卖店都必须采用合理的价格，让出中间利润给消费者，诚信经营，为顾客提供一个诚信的环境。

五、维护保养

（1）在地板刚铺设完毕后，要经常保持室内空气的流通。

（2）超重物品应平稳搁放，家具和重物均不能硬行推拉拖曳，以免划伤耐磨层表面。

（3）不能用利器刮、划地板表面。

（4）使用中千万不能用水浸泡地板，若有意外，应及时用干拖布拖干地板。

（5）保持地板干燥清洁，地板表面如有污物，一般用不滴水的潮拖把擦干即可。

（6）防止地板被炊具炙烤而变形。

（7）门前应放置一块蹭脚垫，减少沙粒对地板的磨损。

（8）用地板专用清洁剂清除斑点和污渍。不可用有损伤性能的物品清洁，例如金属工具、尼龙摩擦垫和漂渍粉。

第二节　实木复合地板

实木复合地板是以实木拼板或单板（含重组装饰单板）为面板，以实木拼板、单板或胶合板为芯层或底层，经不同组合层压加工而成的地板（见图4-2）。以面板树种来确定地板树种名称（面板为不同树种的拼花地板除外）。

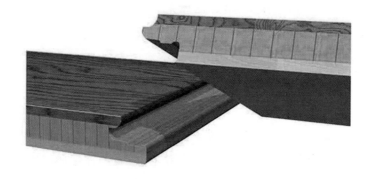

图 4-2　实木复合地板结构

一、产品种类

按结构分，有三层结构实木复合地板、以胶合板为基材的多层实木复合地板；

按面层材料分，有实木拼板作为面层的实木复合地板、单板作为面层的实木复合地板；

按表面有无涂饰分，有涂饰实木复合地板、未涂饰实木复合地板；

按地板漆面工艺分，有表层平面实木复合地板、复古处理实木复合地板、木蜡油手工涂饰饰面。

二、优缺点

（一）优点

（1）易打理清洁。护理简洁，光亮如新，不嵌污垢，易于打扫。实木复合地板的表面涂漆处理得很好,耐磨性好,且不用花太多精力保养。据了解,市场上好的实木复合地板 3 年内不打蜡,也能保持漆面光彩如新。这与实木地板的保养形成了强烈的对比。

(2)实木复合地板质量稳定,不容易损坏。由于实木复合地板的基材采用了多层单板复合而成,木材纤维纵横交错成网状叠压组合,使木材的各种内应力在层板之间相互适应,确保了木地板的平整性和稳定性,并保留了实木地板的美观性于一体,既能享受到大自然的温馨,又解决了实木地板难保养的缺点,是强化木地板和实木地板的完美结合。

(3)价格实惠。实木复合地板由于结构独特的关系,对木材的要求没那么高,且能充分利用材料,因此价格比实木地板的要低很多。

(4)安装简单。实木复合地板安装和强化地板一样,不打地龙骨,只要找平就好,还能提高层高。而且由于安装的要求简单,还大大降低了安装带来的隐患。

(5)色泽鲜艳,纹路清晰,花色给人以美感。

(6)环保。具有安装保养方便的优点,实木复合地板多使用甲醛释放量较低的胶粘剂,环保性好。

(二)缺点

(1)耐磨性不如强化复合地板,多层复合地板厚度较高。

(2)价格偏高,性价比不高,相较强化复合地板、多层复合地板来说,价格偏贵。

(3)由于工艺要求高、结构复杂,质量差异较大,内在质量不易鉴别。

(4)与强化地板比较,花色没有强化地板多。与实木地板比较,实木复合地板的生产必须用胶,不像传统实木地板那样,除了木材本身,基本没有其他材料,虽然胶的环保质量等级很高,甲醛含量几乎可以忽略不计,但毕竟存在。

(5)水泡损坏后是不可修复的。

另外值得关注的是,实木复合地板与强化复合地板的融合产品——多层复合地板,这一新生代地板,发展势头迅猛。

该类地板具有强化地板的耐磨性和实木复合地板的抗变形性,凭借在各种恶劣环境(地热、潮湿、公共场合)中的优秀表现,大有实木复合地板的趋势。

由于是最新地板品类,市场认识度暂时还不足,但是就如当年的实木复合地板的推出一样,随着消费者对多层复合地板的认识,市场份额会逐渐增长,成为国内地板市场的主力军。

三、生产流程

第一步:原木选材分割。好的木材才能生产出好的地板,原木质量对地板质量的影响至关重要。好品牌的质量控制是从原木选材开始把关的,好木材是生产出优质地板的基础。

第二步:原木旋切干燥。这道工序用于加工制作多层实木复合地板基材的实木芯板,基材实木芯板质量与成品地板的质量密不可分。旋转切割出的实木芯板厚约1.5 mm,旋切后还需要一段时间进行干燥。

第三步:实木芯板分选。为了保证每一片地板的质量,正规厂家通常只选薄厚均匀、厚度适中,且无缺陷、无断裂的实木芯板作为地板基材,由专职分选员对地板基材进行挑选。

第四步:芯板涂胶排板。使用专业的涂胶设备进行操作,可以保证涂胶量均匀,提高涂胶工作效率。将8~10层涂过胶的薄实木芯板有序地纵横交错分层排列,黏合在一起,可以改变木材纤维原有的伸展方向。正是这一步,彻底改良了实木木材的湿胀干缩的局限性。

第五步:芯板热压胶合。热压是实木复合地板生产过程中的一个重要工序,它直接关系到地板成品的质量。大的工厂采用的热压设备比较先进,生产管理人员全程监控,因此产品质量比较稳定。

第六步:基材定厚砂光。采用大型定厚砂光机对地板基材的面、底进行定厚砂光,可确保板面的平整度和光洁度,从而提高产品的精度,为装饰面层珍贵树种木皮的压贴提供可靠保证。

第七步:基材分选养生。地板基材在初步加工完成后,还要经过专人精心分选,去掉不合格的产品。经过高温高压,基材内部存在较大的内应力,需要静置平衡15~20天释放这种内应力,使得基材平衡稳定。这个过程叫作养生。

第八步:实木面皮挑选。多层实木复合地板多用于北方干燥的环境中,因此尺寸的稳定性至为关键。为了防止在干燥的采暖季节出现开裂等现象,大品牌实木复合地板表面的珍贵木种木皮全部由专业质检人员一片一片挑选,含水率控制极为严格。

第九步:地板板坯成型。将挑选好的木皮单片涂上环保胶贴在地板基材上,再进入先进的热压机里进行热压,即制成合格的多层实木复合地板板坯。

第十步:地板板坯养生。由于地板基材在贴上装饰木皮后又经过热压,板坯内部又产生了较大的内应力,这样的地板板坯需要在恒温恒湿的平衡养生仓里静置养生

20 天左右,从而保证地板质量更加稳定。

第十一步:地板切割开槽。经过了养生,板坯将通过开槽设备切割成型。开槽的好坏对成品地板的拼接意义重大,因此国内的大企业多引入了德国进口切割设备,以确保质量。

第十二步:辊漆/淋漆干燥定型。开完槽的地板,将通过辊漆/淋漆设备。在经过八道底漆、四道面漆的淋涂后,成品地板的表面漆面将有润泽而又富有韧性。之后,只需分拣包装,就结束了生产全过程。

四、产品质量

实木复合地板具有外观质量、加工尺寸和理化性能三个方面的要求。其中常见的理化性能要求如下:

(1)含水率。应该与使用地的平衡含水率相当,否则地板使用后容易变形、开裂。

(2)表面耐磨。反映了地板表面油漆的耐用性能。一般要求在优等 0.08 g/100 r 以下。

(3)浸渍剥离。反映了地板胶层胶合性能。

(4)漆膜附着力。反映了漆膜附着于地板的牢固性。

(5)醛释放量。反映了复合地板的环保性。

五、选购技巧

(一)选种类

市场上实木复合地板种类主要有三层实木复合地板和多层实木复合地板。消费者应根据自己的需要进行选择。

(二)选环保

使用脲醛树脂制作的实木复合地板,都存在一定的甲醛释放量,环保实木复合地板的甲醛释放量必须符合国家标准 GB 18580—2017 要求,即≤0.124 mg/m³。

(三)选品牌

要看重实木复合地板的品牌。即使是用高端树木板材做成的实木复合地板,质量也有优有劣。所以,在选购实木复合地板时,最好购买品牌效应比较好的实木复合地板,并且如果买有品牌保障的实木复合地板,即使出了问题,也可以找商家去解决。

（四）选择颜色

地板颜色的确定应根据家庭装饰面积的大小、家具颜色、整体装饰格调等而定。

（1）面积大或采光好的房间,用深色实木复合地板会使房间显得紧凑;面积小的房间,用浅色实木复合地板给人以开阔感,使房间显得明亮。

（2）根据装饰场所功用的不同,选择不同色泽的地板。例如,客厅宜用浅色、柔和的色彩,可营造明朗的氛围;卧室应用暖色调地板。

（3）家具颜色深时可用中色地板进行调和,家具颜色浅时可选一些暖色地板。

（五）检测认证标志

进口地板在产品说明书和外包装盒上都会有各种标志,如欧洲强化木地板生产协会标志、欧洲最高环保标准蓝天使认证标志等。如果没有这些检测标志,其质量可能就存在一些问题。

比如得高公司进口的芬兰 karelia,所标明的标准同时包括了欧洲 EPLF 认证、Warranty 认证、质保期、FSC 认证等。得高芬兰 karelia 三层实木地板还拥有全球最为严格的芬兰 M1 环保认证。

（六）正规店面购买

从当地比较高端的家居建材卖场开始,比如居然之家、北京的蓝景丽家、成都的富森美等,考察三层实木地板品牌、产品和价格。考察商家的资信,确认是否是某品牌的授权商。体验厂商提供的服务,比如服务人员的专业度,能否提供地板铺贴设计方案。

（七）优劣判断

1. 规格厚度

实木复合地板表层的厚度决定其使用寿命,表层板材越厚,耐磨损的时间就越长,欧洲实木复合地板的表层厚度一般要求到 4 mm 以上。

2. 材质

实木复合地板分为表、芯、底三层。表层为耐磨层,应选择质地坚硬、纹理美观的品种。芯层和底层为平衡缓冲层,应选用质地软、弹性好的品种,但最关键的一点是,芯层底层的品种应一致,否则很难保证地板的结构相对稳定。

3. 加工精度

实木复合地板的最大优点是加工精度高,因此选择实木复合地板时,一定要仔细观察地板的拼接是否严密,而且两相邻板应无明显高低差。

4. 表面漆膜

高档次的实木复合地板,应采用高级 UV 亚光漆,这种漆是经过紫外光固化的,其耐磨性能非常好,一般家庭使用不必打蜡维护,使用十几年不需上漆。另外一个关键指标是亚光度,地板的光亮程度应首先考虑柔和、典雅,对视觉无刺激。

5.胶料

实木复合地板即三层或多层木,经涂胶热压而成,胶粘剂一般采用脲醛树脂,因此势必存在一定量的甲醛,生产过程中,高档次的环保实木复合地板必须使用低甲醛含量的胶料,才能保证产品的环保指标。

6.胶合性能

实木复合地板的胶合性能是该产品的重要质量指标,该指标的优劣直接影响使用功能和寿命。

消费者可用简易的方法检验该项性能,即将实木复合地板的小样品放在70 ℃的热水中浸泡2 h,观察胶层是否开胶,如开胶则不宜购买。

7.检查标识包装

购买地板的包装上的标识应印有生产厂名、厂址、联系电话、树种名称、等级、规格、数量、执行标准等,包装箱内应有检验合格证,包装应完好无破损。

8.查看质检报告

索取质检报告,并查看质检报告是否真实,最好是新的检验报告近半年的报告或同批次的报告。

认真查看报告中所引用的产品标准,国家出台质量标准和安全使用标准,通过这两个标准的地板才是健康安全的木地板。

六、选施工单位与售后服务

在选购地板的同时,为防止日后发生不必要的麻烦,消费者需要考虑一系列问题。例如:地板怎样铺?谁来铺?何时铺?谁负责保修等。应坚持"谁销售地板谁负责施工和售后服务"的原则。

七、维护保养

实木复合地板铺设完毕后,至少要养生24 h方可使用,否则将影响实木复合地板使用效果。一般实木复合地板耐水性差,不宜用湿布或水擦拭,以免失去光泽。在以后的日常生活中,必须养护好实木复合地板,具体措施如下:

(1)房间内湿度不宜过大,保持地板干燥、光洁,日常清洁使用拧干的棉拖把擦拭即可;如遇顽固污渍,应使用中性清洁溶剂擦拭后再用拧干的棉拖把擦拭,切勿使用酸、碱性溶剂或汽油等有机溶剂擦洗。

（2）日常使用时要注意避免重金属锐器、玻璃瓷片、鞋钉等坚硬物器划伤地板；不要使地板接触明火或直接在地板上放置大功率电热器；禁止在地板上放置强酸性和强碱性物质；绝对禁止长时间水浸。

（3）为了保持实木复合地板的美观并延长漆面使用寿命，建议每年上蜡保养两次。上蜡前先将地板擦拭干净，然后在表面均匀地涂抹一层地板蜡，稍干后用软布擦拭，直到平滑光亮。

（4）如果不慎发生大面积水浸或局部长时间被水浸泡，如有明水滞留，应及时用干布吸干，并让其自然干燥，严禁使用电热器烘干或在阳光下暴晒。

（5）长时间暴露在强烈的日光下，或房间内温度的急剧升降等都可能引起实木复合地板漆面的提前老化，应尽量避免。

（6）安装完毕的场所如暂且不住，要保持室内空气的流通，不能用塑料纸或报纸盖上，以免时间长表面漆膜发黏，失去光泽。

（7）定期清扫地板、吸尘，防止沙子或摩擦性灰尘堆积而刮擦地板表面。可在门外放置擦鞋垫，以免将沙子或摩擦性灰尘带入室内。平时清洁地板时可用拧干的棉拖把擦拭。不能用湿拖把或有腐蚀性的液体（如肥皂水、汽油）擦拭地板。

（8）如果室外湿度大于室内湿度，可以紧闭门窗，保持室内合适的湿度，如果室外湿度小于室内湿度，可以打开门窗以降低室内的湿度。遇到潮湿闷热的天气，可以开着空调或电风扇。

（9）秋、冬季节为增加室内空气湿度，可使用增湿机使室内的空气湿度保持在40%～80%。

（10）移动家具时不应直接在地板上推拉，应抬起挪动并轻放。经常移动的家具可在其底部粘一层橡皮。

维护提示：特殊污渍的清理办法是：油渍、油漆、油墨可使用专用去渍油擦拭；如果是血迹、果汁、红酒、啤酒等残渍，可以用湿抹布或用抹布蘸上适量的地板清洁剂擦拭；不可用强力酸碱液体清理木地板。

八、消费误区

误区1：追求面板

三层实木复合地板的面板厚度以2～4mm为宜，多层实木复合地板的面板厚度以0.3～2.0mm为宜，因此选择合适的面板厚度才是上策，不应过度追求面板厚度。

误区2：销售方与铺设方

销售方与铺设方不为同一单位，一旦地板出现问题时，双方互相推诿，造成消费者苦不堪言、后悔莫及。因此,销售方与铺设方两者最好为一家。

误区3:过分挑剔色差

实木复合地板的面板是天然木材,树木由于种植的地点不同、阳光照射不同、温湿度不同等,其木材色泽就不同。此外,同一木材锯剖下来的板材,由于下锯的位置不同,也会导致颜色深浅不同、木材纹理不同。通常边材色浅、心材色深,故实木复合地板客观上存在色差和花纹不均匀现象,这是自然现象。因此,在挑选实木复合地板时,只要无明显的色差就可以,不必苛求颜色一致。

误区4:龙骨铺设方法

有的消费者为了过分追求脚感,在龙骨上加铺细木工板(俗称大芯板),实际上细木工板质量差异很大,细木工板质量优劣影响实木复合地板的铺装质量。因此,若要加铺细木工板,必须选购知名品牌的大企业产品,最好采用多层胶合板代替细木工板,建议尽量不要铺设细木工板。

误区5:追求名贵材种

市场上销售的实木复合地板材种有几十种,令人眼花缭乱,不同树种价格、性能、材质都有差异,并不是越名贵的材种性能越好,消费者应根据自己的居室环境、装饰风格、个人喜好和经济实力等情况进行购买。

误区6:不重铺设

实木复合地板的铺设方法有很多种,有直接粘贴法、龙骨铺设法、悬浮铺设法等,不管采用何种铺设法,一定要选择好的施工队伍。坚持执行六个不铺:

(1)墙体湿、漏,地面不干、不平整,不铺;

(2)混合施工,不铺;

(3)使用劣质辅料,不铺;

(4)工期过急,无法实施工序,不铺;

(5)发现产品有质量问题,不铺;

(6)要求绝对平整无色差,不铺。

误区7:不重视维护

主要是消费者在使用过程中使用维护不当,如用水浸洗地板、暖气管道热水漏在地板上、地板铺装后长期无人使用等。

误区8:不如实木地板好

误解实木复合地板为复合型地板,事实上,实木复合地板结构合理,具有实木地板的优点,同时稳定性、抗地热性能更强。

误区 9：甲醛含量高

事实上，实木复合地板的甲醛释放量只要符合国家标准即可放心使用，对人体不会造成危害。

如今随着木材资源的短缺，对实木地板消费的更高要求，以及国际先进制造技术的不断涌现，实木复合地板这个品类以突出优势迅速在生产和消费领域得以蓬勃发展，它的发展速度惊人，技术变革快，成为行业瞩目的焦点。

第三节　竹地板

一、概述

竹地板是一种用于住宅、宾馆和写字间等的高级装潢材料，主要于装饰地面。竹地板主要制作材料是竹子，采用胶粘剂，施以高温高压而成。经过脱去糖分、脂、淀粉肪、蛋白质等特殊无害处理后的竹材，具有超强的防虫蛀功能。地板无毒，牢固稳定，不开胶，不变形。

竹地板是一种新型建筑装饰材料，它以天然优质竹子为原料，经过二十几道工序，脱去竹子原浆汁，经高温高压拼压，再经过多层油漆，最后经红外线烘干而成。竹地板以其天然赋予的优势和成型之后的诸多优良性能给建材市场带来一股绿色清新之风。竹地板有竹子的天然纹理，清新文雅，给人一种回归自然、高雅脱俗的感觉。它具有很多特点，首先竹地板以竹代木，具有木材的原有特色，而且竹在加工过程中，采用符合国家标准的优质胶种，可避免甲醛等物质对人体的危害，还有竹地板利用先进的设备和技术，通过对原竹进行 26 道工序的加工，兼具原木地板的自然美感和陶瓷地砖的坚固耐用。

二、结构

竹地板按表面结构可分为径面竹地板—侧压竹地板、弦面竹地板—平压竹地板、重组竹地板三大类。按竹地板的加工处理方式又可分为本色竹地板和炭化竹地板。本色竹地板保持竹材原有的色泽，而炭化竹地板的竹条要经过高温高压的炭化处理，使竹片的颜色加深，并使竹片的色泽均匀一致。

地板是家居装饰很重要的一部分，不管是竹地板的外观恬静细腻的色泽还是自身给人带来触觉的享受，都是很适合家居生活的家居装饰，给人以清新脱俗的感觉，它富有弹性、稳定性好，可谓老少咸宜。而竹地板美丽天然细腻的外观色泽，用于家庭装修,简直是一场视觉盛宴。竹地板是经过层层的加工而成的(见图4-3),相对来说竹地板与普通的地板有很大区别,特别是在质感和外形方面,竹地板的优势相对来说比较大,价格方面也比一般的地板贵一点。当然竹地板还具有冬暖夏凉的天然优势。

图4-3 竹地板结构

三、加工工艺

竹材地板的加工工艺与传统意义上的竹材制品不同,它是采用中上等竹材,经严格选材、制材、漂白、硫化、脱水、防虫、防腐等工序加工处理之后,再经高温、高压热固胶合而成的。相对实木地板,它有它的优劣,竹木地板耐磨、耐压、防潮、防火,它的物理性能优于实木地板,抗拉强度高于实木地板而收缩率低于实木地板,因此铺设后不开裂、不扭曲、不变形起拱。但竹木地板强度高、硬度大,脚感不如实木地板舒适,外观也没有实木地板丰富多样。它的外观是自然竹子纹理,色泽美观,顺应人们回归自然的心态,这一点又优于复合木地板。因此,价格也介于实木地板和复合木地板之间。

常规的竹地板的生产工艺流程:毛竹—截断—修平外竹节—开条—去内节—竹条双面刨光(去竹青、竹黄)—蒸煮(防虫、防霉处理)或炭化着色处理—干燥—竹条精刨—竹条分选—涂胶—组坯—热压胶合—砂光—定长截断—四面刨(定宽、开背槽)—双端铣(横向、纵向开榫)—喷封边漆—素板砂光—分选—粉尘清除—水性底漆—热风干燥—涂腻子—UV固化—底漆—UV固化—砂光—底漆—UV固化—砂光—面漆—UV固化—耐刮擦面漆—UV固化—检验—包装。

四、执行标准

(1)GB/T 20240—2017《竹地板》;

（2）WB/T 1016—2002《木地板铺设面层验收规范》；

（3）WB/T 1017—2002《木地板保修期内面层检验规范》；

（4）GB 50206—2012《木结构工程施工质量验收规范》；

（5）GB 50209—2017《建筑地面工程施工质量验收规范》；

（6）GB/T 20238—2018《木质地板铺装、验收和使用规范》；

（7）GB 18583—2017《室内装饰装修材料胶粘剂中有害物质限量》；

（8）CECS 191:2005《木质地板铺装工程技术规范》。

五、种类

按色彩来划分，市面上的竹地板主要分为两种：

一种是自然色，竹地板的色差比木地板小，因为竹子的生长半径比木头要小得多，受日照影响不严重，没有明显的阴阳面的差别，所以由新鲜毛竹加工而成的竹地板有丰富的竹纹，而且色泽匀称，做成地板色调比较统一。自然色中又分为本色和碳化色。本色以清漆加工表面，取竹子最基本的颜色，亮丽明快，碳化色与胡桃木的颜色相近，其实是竹子经过烘焙转变而成，凝重沉稳中依然可见清晰的竹纹。

另一种是人造上漆的，可以调配各种缤纷的色彩，不过竹纹已经不太明显。

第四节　地采暖地板

一、采暖地板

采暖地板是用来采暖的地板，一般多用低温辐射地板；其采暖方式是通过埋设于地板下的加热管——铝塑复合管或导电管，把地板加热到表面温度 18～32 ℃，均匀地向室内辐射热量而达到采暖效果。

二、特点

第一，房间温度分布均匀。采用采暖方式，由于是整个地板均匀散热，因此房间里的温差极小。而且室内温度是由下而上逐渐降低，地面温度高于人的呼吸系统温度，给人以脚暖头凉的舒适感觉。

第二，有利于营造健康的室内环境。采用散热片取暖，一般出水温度在 70 ℃ 以上，但温度达到 80 ℃ 时就会产生灰尘团，使暖气上方的墙面布满灰尘。而地板采暖可以消除灰尘团和浑浊空气的对流，给人一个清新、温暖、健康的环境。

第三,高效节能。由于采暖的辐射面大,相对要求的供水温度低,只需 40～50 ℃。而且可以克服传统采暖片一部分热量从窗户散失掉,影响采暖效果的缺点。

第四,节省空间。由于采暖管全部铺设在地板下,节省了放置采暖片的空间,方便室内装饰及家具的摆放。

三、地板采暖装修材料

装修业界人士更为推崇的则是木地板,而且针对这种新型采暖方式的出现,建材市场上已经有专门适合这种采暖方式的地板出售。据介绍,地热采暖的选择要掌握以下原则:尺寸要稳定,热稳定要好,含水率偏低,这样受热后就不容易变形;要利于热交换和传导,垫层材料不宜过厚;尺寸宜薄不宜厚,宜窄不宜宽,以利于抗变形、热传导的要求。

四、选购

选购地采暖用木质地板的注意以下六个事项:

(1)地采暖用木质地板必须与地面供暖系统配套。浸渍纸层压木质地板(俗称强化木地板)和实木复合地板(包括三层实木复合地板和多层实木复合地板)中适用于地面采暖的产品较多,实木地板中只有少部分经过特殊处理的产品适用于地面采暖系统。消费者在选购时要加以区分,为防止误购后出现纠纷,消费者可以要求经营者在合同上标注"地采暖用木质地板"内容。

(2)地采暖用木质地板的主要指标包括耐热尺寸稳定性、耐湿尺寸稳定性、表面耐湿热性能、表面耐冷热循环、导热效能等。产品包装上应标记生产厂家名称、地址、产品名称、生产日期、商标、规格型号、类别、材种等。

(3)关注性价比。一般情况下,实木复合地板、强化木地板可供选择的余地较大。大品牌、规模化企业生产的实木复合地板、强化木地板品质更有保证。

(4)相关国家安装标准已经实施,安装人员应经过专门培训,持证上岗。

(5)地采暖用木质地板的安装和使用要遵循"规律"。专家建议,地采暖用木质地板安装时室内温度不能太低,地面要保持干燥,含水率应低于 10%,供热时,水泥地面温度尽量不要超过 55 ℃。施胶铺装的地板铺装后应养护 24 h 后再使用,铺装完毕后,启动地面供暖系统时要缓慢升降温。建议地板表面温度不超过 27 ℃。

(6)售后服务要重视。地面采暖系统一旦出现问题,地板也要重新处理。因此,良好的售后服务才能让消费者放心。

五、安装

与一般的复合地板相比,地采暖地板的安装有着相对严格的规定,如果安装工人没有经过培训,铺设方法不当,即使是选用合格产品,同样会出现翘曲、变形的问题。一般而言,在铺设地热地板之前,必须进行地热加温试验,进水温度至少达 50 ℃,以确保采暖运行正常。并要保温 24 h 以上,使地面干透。如果无法进行地热加温试验,原则上不给施工,而且地上绝对不允许电锤打眼和锤钉,防止破坏加热盘管。由于地热采暖释放的潮气量大,因此施工就要在防潮处理上下功夫。铺装时要先在地面上铺一层塑料布,以隔绝潮气,使潮气从四周的踢脚板释放出去,然后铺设普遍使用的防潮垫。四周要留出足够的伸缩缝,并使用比一般地板厚一些的踢脚板。而且铺装地面与安装踢脚板要分两次施工。在铺设完后 48 h,待胶完全干透,取掉紧固器后再做踢脚板。而且在安装完 24 h 后地板才能加温。

另外,消费者在使用地采暖地板时注意:由于板面是散热面,因此尽量不做固定装饰件或安放无腿的家具,以免影响热空气流动导致热效应减弱;在第一次升温或长久未开启使用地热采暖时,应先设定在最低温度,然后缓慢升温,不能操之过急,最好 1 h 升温 1 ℃左右。在升温前要保持地面干净干燥,以防因升温过快发生开裂扭曲。

六、执行标准

(1)LY/T 1700—2007《地采暖用木质地板》;

(2)GB/T 18103《实木复合地板》;

(3)GB/T 18102—2007《浸渍纸层压木质地板》;

(4)GB/T 15036《实木地板》;

(5)GB/T 20240《竹地板》;

(6)GB/T 20238—2018《木质地板铺装、验收和使用规范》;

(7)WB/T 1037—2008《地面辐射供暖木质地板铺设技术和验收规范》;

(8)CECS 191:2005《木质地板铺装工程技术规程》;

(9)JGJ 142《地面辐射供暖技术规程》;

(10)GB 18580《室内装饰装修材料人造板及其制品中甲醛释放限量》;

(11)GB 18583—2008《室内装饰装修材料胶粘剂中有害物质限量》。

第五章 木地板常见问题

一、木质地板相关标准

全国人造板标准化委员会是负责我国人造板国家标准和行业标准制定、修订的技术归口单位。该技术委员会负责组织起草、审查报批人造板国家标准和行业标准计划项目,同时还负责我国木质地板(实木地板除外)相关标准的制定和修订的工作。

(1)现行的与木质地板相关的国家标准有:GB/T 15036—2018《实木地板》、GB/T 18103—2013《实木复合地板》、GB/T 18102—2007《浸渍纸层压木质地板》、GB/T 20240—2017《竹地板》、GB/T 20239—2015《体育馆用木质地板》和 GB/T 20238—2018《木质地板铺装、验收和使用规范》、GB/T 35913—2018《地采暖用实木地板技术要求》等。

(2)现行的与木质地板相关的行业标准有:LY/T 1330—1999《抗静电木质活动地板》、LY/T 1614—2004《实木集成地板》、LY/T 1657—2006《软木类地板》和 LY/T 1700—2007《地采暖用木质地板》等。

二、木材平衡含水率,我国主要城市木材月平衡含水率和年平均值

消费者在选购木质地板(尤其是实木地板、实木复合地板、实木集成地板等)时,要特别注意地板的木材含水率与当地木材平衡含水率的协调。因为木材含水率会影响地板的尺寸稳定性。

木材含水率在解吸过程中达到的稳定值叫做解吸稳定含水率;在吸湿过程中达到的稳定值叫做吸湿稳定含水率。细薄木料在一定空气状态下,最后达到的解吸稳定含水率或吸湿稳定含水率叫做平衡含水率。

木材平衡含水率是制定干燥基准、控制和调节干燥过程、控制仓库中的已干材和成品的尺寸、拟定各种木制品用材所需干燥到最终含水率标准等必须考虑的问题。

我国主要城市木材月平衡含水率和年平均值见附录1。

三、人造板的甲醛释放量

人造板是室内装饰装修(包括地板、门板及墙板等)和家具的主要材料之一。在

人造板生产中常用脲醛树脂、酚醛树脂和三聚氰胺树脂等作为胶粘剂。脲醛树脂因其价格低廉、使用方便和胶合性能良好,被大量用作室内人造板的胶粘剂。酚醛树脂和三聚氰胺树脂作胶粘剂的人造板,由于所用树脂的游离甲醛含量很低,胶合而成的人造板的微量甲醛释放通常不会造成环境污染,而使用脲醛树脂作胶粘剂的人造板则会较长期释放甲醛气体。所以,人们一般只考虑用脲醛树脂生产的人造板或木质地板的甲醛释放。

甲醛和尿素是生产脲醛树脂的主要原料。在化学反应中,尿素和甲醛的摩尔比直接影响到脲醛树脂中游离甲醛的含量和人造板的甲醛释放量。

树脂中游离甲醛的来源大约有几个方面:一是未参与化学反应的甲醛;二是在脲醛树脂合成过程中如发生二羟甲基脲缩聚生成二亚甲基醚键,并再进一步分解时,则析出甲醛;三是在一定条件下,脲醛树脂固化过程中会增加甲醛的析出量。

另外,人造板中已固化的脲醛树脂会长时间缓慢降解而释放甲醛。

四、甲醛对人体健康主要危害

对人体而言,气态甲醛强烈刺激鼻黏膜,在低浓度下最初刺激视网膜,浓度稍高时刺激上呼吸道,引起咳嗽;同时会觉得胸闷,额部感到特殊的压迫感,并使黏膜溃烂,进而在肺部引起炎症。

吸入甲醛后可引起食欲减退、厌食、体重减轻、衰弱、失眠等症状;如果经常接触则可能导致过敏现象,并可造成皮肤溃烂。甲醛对中枢神经也有麻醉作用。

总之,甲醛对人体健康的影响包括嗅觉异常、刺激、过敏、肺功能异常、肝功能异常、免疫功能异常、中枢神经受影响,还可损伤细胞内的遗传物质,是可疑致癌物。

五、实木地板的选购

国内销售的实木地板以漆板为主。我们建议消费者可从以下几个方面入手,选择适用的实木地板和木质辅助材料:

(1)树种材性。

实木地板的材种众多,在使用过程中,容易产生的问题是地板的湿胀干缩。在选用材种时,应尽量选择干缩系数小的木材。

(2)规格尺寸。

就木材尺寸变形量而言,小尺寸的地板变形幅度小于同材种大尺寸的。因而在满足审美条件的前提下,地板选择宜短不宜长、宜窄不宜宽。

(3)加工质量。

依据国家标准《实木地板》的规定,仔细检查地板的外观质量、加工精度等技术指标是否符合国家标准;检查地板产品的出厂检验合格证书。

（4）板面质量。

观察板面是否有开裂、腐朽、夹皮、死节等材质缺陷。对色差、纹理等不必过于苛求,这是木材的天然属性,不属于产品质量问题,且可在铺装时适当调配。

（5）漆面质量。

漆膜要丰满、光洁、均匀,无漏漆、无鼓泡、无龟裂。同时,漆膜附着力、表面耐磨性、漆膜硬度等也要达到国家相应标准。

实木地板生产企业和销售单位有责任与义务如实向消费者介绍实木地板材质的湿胀缩特性,所售地板出厂时含水率等技术指标应严格控制。

六、实木地板类型

（1）企口实木地板（也称榫接地板或龙凤地板）。该地板在纵向和宽度方向都开有榫槽,榫槽一般都小于或等于板厚的1/3,槽略大于榫。绝大多数背面都开有抗变形槽。

（2）指接地板。由等宽、不等长度的板条通过榫槽结合、胶粘而成的地板块,接成以后的结构与企口地板相同。

（3）集成材地板（拼接地板）。由等宽小板条拼接起来,再由多片指接材横向拼接,这种地板幅面大、尺寸稳定性好。

（4）拼方、拼花实木地板。由小块地板按一定图形拼接而成的,其图案有规律性和艺术性。这种地板生产工艺复杂,精密度也较高。

（5）仿古实木地板。表面用艺术形式,通过特殊加工成具有古典风格的实木地板。这种仿古实木地板的优势在于其表面效果都是由人工雕刻而成,因此其独特的艺术气质是平板实木地板无法比拟的。

（6）拉丝浮雕实木地板。一般根据木材天然纹路特点可以做浅拉丝和深拉丝。浅拉丝比较适合纹路细腻的木材,比如白橡;深拉丝比较适合纹路较粗犷的木材,如红橡、水曲柳、槐木、栗木等。所谓浅和深,是指拉丝凹陷的深和浅,当然拉丝越深,凹陷的纹路宽度也越宽,反之越细。

七、实木地板用材硬度

一般消费者会认为实木肯定是越硬越耐用,这也是人正常的心理。相对同一种木材,当然是越硬的板材越好,越硬就代表是老树或者是树干靠根部材料。但是对于不同品种的木种相比,不一定是越硬的越好;因为地板好不好最重要的几个因素是稳定性、防腐性、防虫性,其中稳定性主要是依据木材的干缩性大小,干缩性小的木种稳定性就好,比如柚木的干缩性很小,稳定性是木材里最好的,可柚木却比较软(气干密度只有 0.65 g/cm³);另如玉檀香硬度非常高,可干缩性却很大(收缩性大,需要二次安装,易变形)。所以,消费者在选地板时,要综合考虑,一般来说选气干密度在 0.65~0.8 g/cm³ 的木材就可以了,不要过于追求硬度,反而会因木种的稳定性欠佳给打理带来麻烦。很多消费者认为实木地板容易刮花是因为木材不够硬,其实是个误区。地板被刮花往往是表面的油漆被刮破,而不是木材被刮坏。所以,实木地板最重要的是选漆面工艺,建议最好选开放漆、半开放漆和植物油工艺的地板,相对耐磨而且刮伤也不太明显。如果选封闭漆工艺的地板,最好选亚光地板和坚弗漆涂饰的地板(坚弗漆一般只有大品牌才会用,因为成本较高)。

八、实木地的地板色差小

实木地板由于是天然树木取材,非人造板。树木生长的区域不同、朝阳面和背阴面不同、树干和树梢取材不同、树径边缘和芯材也不同等,使木材纹理和色调产生偏差。正因为实木地板这种天然的纹理和色调千变万化(找不到两块地板一模一样的),才显现实木地板的天然之美。所以,购买实木地板,要带艺术眼光去欣赏和挑选,万不可像挑人工产品那样要求跟样板一模一样。一般来说,出于商业销售目的,实木地板销售商家都会挑颜色、纹理较为漂亮和一致的样板作为展示,所以,消费者很难辨别到底哪个牌子或者哪个木种的地板送到家里是最漂亮的。基于这种现状,提出以下几个建议:

(1)首选知名品牌。因为知名品牌厂家一般进实木胚料都是几千几万方的进,可以占据资源优势,自然会先选好的胚料;而且知名品牌对实木地板的花色再设计有专门的研发部门,会对不同色调和纹理的胚料进行分类筛选,这样就会大大减少某个花色的色差;相反,小品牌厂家一般进胚料都是根据订单小批量的进货,胚料的好坏自然是随机和运气,而且不会分类加工各种花色,所以色差大是必然的。

(2)首选较长较宽的大板。大板取材一般是树干最通直部分的材料,而且是直径和长度都较长的老树胚料,所以这种板纹理不仅漂亮、色差较小,而且稳定性、硬度、防腐和防虫性都优于短窄板。

(3)同一树种加色板的色差较小。加色后的板对色差和纹理有所遮盖,所以色差较小;但同时也失去了木材天然纹理的清晰度和真实性。因此,如果您喜欢实木地板的天然美,尽量选择接近本色的地板,但要有接受色差的心理准备。只要安装时,交代师傅注意调整色差,将不好看的板安装在放床或柜子、沙发等的位置即可。

　　(4)色差较小的树种有柚木、橡木、圆盘豆、二翅豆、香脂木豆、加拿大枫木、栾叶苏木等,色差较大的树种有重蚁木、亚花梨、玉檀香、纤皮玉芯等。

　　(5)浅色系树种色差比深色系树种色差好看些。比如,橡木的色差就比紫檀的色差看起来自然好看。所以,消费者在买深色系的树种地板时(这里指的深色系是本色,不是加色后的)要格外注意。

九、实木地板的含水率

　　实木地板由于是天然板材,树木在生长过程中形成了天然的纤维导管,这种导管在树木生长中起到输送水分和养分的作用。树木被砍伐开锯成板材后木质纤维导管中储存有天然水分(储于纤维细胞间隙和细胞壁内),这时板材的含水率非常高,堆放一段时间后含水率会降到30%左右(只储于细胞壁内)。这时候就需要进行干燥窑干燥或继续自然堆放干燥(某些木材不能进行干燥窑干燥,如柚木、玉檀香),板材干燥的要求是接近当地的平衡含水率。平衡含水率的意思是指木材在自然蒸发和自然吸水当达到动态平衡,既不蒸发也不吸水时的木材含水率就是平衡含水率。平衡含水率主要与当地的大气湿度相关,北方为12%左右,南方为18%左右,华中为16%左右。木材平衡含水率在生产上有很大的意义。家具、门窗、室内装修等用材的含水率,必须干燥到使用地区的平衡含水率以下,否则木制品会开裂和变形。一般要求木材的含水率比当地的平衡含水率略低1%~3%,国家标准木材的含水率为15%(也就是板材含水率不得超过15%)。如果使用含水率过高的木材会排湿收缩引起开裂或缝隙增大;使用含水率过低(过于干燥)的木材会吸湿膨胀引起瓦变或扭曲变形。

　　建议实木地板在安装前7天左右送货到工地,打开包装箱放置,让地板与室内的空气进行水分交互,从而达到含水率平衡。这样地板安装后就比较安全可靠了。由于实木地板是活性物质,除板材含水率要合格并提前放置外,安装时还需要根据该木种的特性进行合理安装(比如干缩性较大的木材需要插片留缝、干缩性小的木材也不要安装过紧,收缩性大的木材须二次安装)。

十、实木地板耐看又好打理要求

　　这个问题比较笼统。耐看应该包含两个因素:一是潮流趋势,二是历久弥新。说到实木地板花色的潮流,应该是由传统的红色亮光地板向中浅色亚光仿古或拉丝地板发展;久看不厌的话当然是自己喜欢的、纹理丰富漂亮,并最搭配自己家的装修风格,且表面色泽不会随着岁月变差。好打理的实木地板,一是要木材稳定性好、防腐、防虫,二是要漆面质量稳定、耐磨、不衰败。漆面工艺最好选开放漆或植物油涂饰的。

十一、实木地板的包装、标志和运输储存要求

实木地板应按不同树种、规格、批号、等级和数量用聚乙烯吹塑薄膜密封后装入硬纸板箱内或包装袋内,同时装入产品质量检验合格证,外用聚乙烯或聚丙烯塑料打扎带捆扎。对包装有特殊要求时,可由供需双方商定。

实木地板产品包装箱或包装袋外表应印有或贴有清晰且不易脱落的标志,用中文注明生产厂名、厂址、电话、执行标准号、产品名称、规格、木材名称、等级、数量和批次号等标志。

产品在运输和储存过程中应平整码放,防止污损、潮湿、雨淋及防晒、防水、防火、防虫蛀等。

十二、实木地板常见的地板铺装方法

常有人说"三分地板七分安装",地板材质再好,也要精心安装。如果地板铺装不得当,功用也会减半。因此,必须重视科学的实木地板铺装方法。家居装修中有四种地板铺装方法:悬浮铺装方法、龙骨铺装法、直接粘贴铺装方法和夹板龙骨铺法,每种铺装方法各有优劣,用户、施工单位要因地制宜,视情况选择,目前最常用的是悬浮铺设方法。

(一)悬浮铺装法

1.特点

把地板直接铺装在胶垫之上,无污染;易于维修保养。地板不易起拱,不易发生片状变形,地板离缝,或局部损坏,易于修补更换,即使搬家或意外泡水浸泡,拆除后,经干燥,地板依旧可铺装。

2.适用范围

悬浮铺装法适用于企口地板、双企口地板,各种连接件实木地板。一般应选择榫槽偏紧,底缝较小的地板。

3.铺装方法

(1)铺装地板的走向通常与房间行走方向相一致或根据用户要求,自左向右或自右向左逐徘依次铺装,凹槽向墙,地板与墙之间放入木楔,留足伸缩缝,干燥地区,地板又偏湿,伸缩缝应留小;潮湿地区因地板偏干,伸缩缝应留大。拉线检查所铺地

板的平直度,安装时随铺随检查,在试铺时应观察板面高度差与缝隙,随时进行调整,检查合格后才能施胶安装。一般铺在边上 2~3 排,施少量无水环保胶固定即可。其余中间部位完全靠榫槽啮合,不用施胶。

(2)最后一排地板要通过测量其宽度进行切割、施胶,有拉钩或螺旋顶使之严密。

(3)在华东、华南及中南等到一些特别潮湿的地区,在安装地板时,地板与地板之间一般情况下不排得太紧(通常地板之间保留 1~2 mm)。在东北、西北及华北地区,地板之间一般以铺紧为佳。

(4)收口过桥安装。

在房间、厅、堂之间接口连接处,地板必须切断,留足伸缩缝,用收口条、五金过桥衔接,门与地面应留足 3~5 mm 间距,以便房门能开闭自如。

(5)踢脚板安装。

选购踢脚板的厚度应大于 15 mm,安装时地板伸缩缝间隙在 5~12 mm 内,应填实聚苯板或弹性体,以防地板松动,安装踢脚板,务必把伸缩缝盖住。若墙体或地基不平,出现缝隙皆属意料之中,可请装饰墙工补缝。

实木踢脚板在靠墙的背面应开通风槽并作防腐处理。通风槽深度不宜小于 5 mm,宽度不宜小于 30 mm,或符合设计要求。踢脚板宜采用明钉钉牢在防腐木块上,钉帽应砸扁冲入板面内,无明显钉眼,踢脚板应垂直,上口呈水平。

(二)龙骨铺装法

1.特点

龙骨铺装法是地板最传统、最广泛的铺装方法,多以长方形木条为材料固定与承载地板,并按一定距离铺装的方式。凡是木地板,只要有足够的抗弯强度,都可以用打龙骨铺装的方法,做龙骨的材料有很多,使用最为广泛的是木龙骨,其他的有塑料龙骨、铝合金龙骨等。

2.适用范围

龙骨铺装法适合用于实木地板与实木复合地板,地板的抗弯强度足够,就能使用龙骨铺装方式,对于平口地板,最适合采用该方式铺装。

3.铺装方法

1)铺装龙骨

(1)地面划线:根据地板铺装方向和长度,弹出龙骨铺装位置。每块地板至少搁在 3 条龙骨上,一般间距不大于 350 mm。

(2)木龙骨固定。

根据地面的实际情况决定电锤打眼位置和间距。

若地面有找平层,采用电锤打眼的方法,一般电锤打入深度约 25 mm 以上,如果采用射打透过木龙骨进入混凝土,其深度必须大于 15 mm,当地面高度差过大时。应以垫木找平,先用射钉把垫木固定于混凝土基层,再用铁打将木龙骨固定在垫木上。

注意:龙骨间,龙骨与墙或其他地材间均应留出间距 5～10 mm,龙骨端头应钉实。

木龙骨找平:铺装后的木龙骨进行全面的平直度拉线和牢固性检查,检测合格后方可铺装。

若地面下有水管或地面采暖等设施,千万不要打眼,一般可采用悬浮铺装法,如果必须采用龙骨铺装,可采用塑钢、铝合金龙骨等新颖龙骨,或改用胶粘剂结短木龙骨。

2)地板铺装

(1)地板面层铺装一般是错位铺装,从墙面一侧留出 8～10 mm 的缝隙后,铺装第一排木地板,地板凸角外,以螺纹钉、铁钉把地板固定于木龙骨上,以后逐块排紧钉牢。

(2)每块地板凡接触木龙骨的部位,必须用气枪钉,螺纹钉或普通钉,以 45°～60°斜向钉入,钉子的长度不得短于 25 mm。

(3)为使地板平直均匀,应每铺 3～5 块地板,即拉一次平直线,检查地板是否平直,以便于及时调整。联结件和踢脚板的安装,与悬浮法的相同。

(三)直接粘贴铺装法

1.特点

直接粘贴铺装法是将地板直接粘接在地面上,这种安装方法快捷,施工时要求地面十分干燥、干净、平整。由于地面平整度有限,过长的地板铺装可能会产生起翘现象,因此更实用于长度在 30cm 以下的实木及软木地板的铺装。一些小块的柚木地板、拼花地板适合采用直接粘接法铺装。

2.适用范围

直接粘贴法适合用于拼花地板与软木地板,此外,复合木地板也可使用直接粘贴方式铺装。

3.铺装方法

(1)铺装准备。首先地面必须利用水泥找平,保证良好的平整度。若是用软木地板,建议在原基础上做水泥砂浆自流平。其次,要保证地面的洁净、干燥。

(2)铺装。根据房间结构或客户要求,合理规划,安排地板铺装方向,一般先画出参考线,从房间地面边角处入手,先预铺装,然后用胶粘剂粘贴固定,一般铺装 3～5 块,即拉一次平直线,检查地板平直度和高低度。

(四)夹板龙骨铺装法

1.特点

夹板龙骨铺装法是先铺好龙骨,然后在上边铺装毛地板(可以用胶合板或细木工板等),将毛地板与龙骨固定,再将地板铺装于毛地板之上。该方法铺装的地板,防潮能力好,也使得脚感更加舒适,柔软。缺点是,施工工序复杂,成本较高。

2.适用范围

夹板龙骨铺装法适合所有地板的铺装。

3.铺装方法

将毛地板(可以用胶合板或细木工板等)铺装在龙骨上,每排之间应留有空隙,用铁钉或螺纹钉使毛地板与龙骨固定并找平,毛地板可铺装成斜角 30°～45°以减少应力。如在毛地板上铺装强化地板,可按照悬浮式铺装法铺装。

十三、浸渍纸层压木质地板和实木复合地板铺装前规定主要材料质量要求?

(1)铺装前规定。

在铺装前,应将铺装方法、铺装要求、工期、验收规范等向用户说明并征得其认可。

地板铺装应在地面隐蔽工程、吊顶工程、墙面工程、水电工程完成并验收后进行。

地面基础的强度和厚度应符合房屋验收规定。

地面应平整,用 2 m 靠尺检测地面平整度,靠尺与地面的最大弦高应≤3 mm。

地面含水率应低于 20%,否则应进行防潮处理。

严禁使用超出强制性标准限量的材料。

(2)主要材料质量要求。

主要材料质量要求重点针对甲醛释放量和铺装用胶粘剂有毒有害物质限量进行相应规定:

浸渍纸层压木质地板、实木复合地板应符合相关标准的规定,甲醛释放量应符合规范的规定。

地垫厚度大于等于 2 mm。

铺装用胶粘剂有毒有害物质限量应符合规范的规定。

十四、安装浸渍纸层压木质地板和实木复合地板检验产品

铺装单位要提供验货单,用户根据以下方面检验并签字确认:

(1)包装和标识的验收。地板应包装完好,包装内应装有产品质量检验合格证。产品包装应印有或贴有清晰的中文标志,如生产厂名、厂址、甲醛释放限量标志、执行标准号、产品名称、规格、花色(或木材名称)、等级、数量和批次号等。

(2)产品的验收。用户应核对所购地板标志、实物和数量与合同的一致性。

(3)其他主要材料的要求。铺装单位应给用户明示胶粘剂等主要材料的合格证或标志。

(4)产品数量核定。通常地板铺装损耗量小于铺装面积的5%,特殊房间和特殊铺装由供需双方协商确定。

十五、浸渍纸层压木质地板和实木复合地板铺装前准备及地垫铺设

铺装前准备:

(1)彻底清理地面,确保地面无浮土、无明显凸出物和施工废弃物。

(2)测量地面的含水率,地面含水率合格后方可施工。严禁湿地施工,并防止有水源处(如暖气出水处、厨房和卫生间连接处)向地面渗漏。

(3)根据用户房屋已铺设的管道、线路布置情况,标明各管道、线路的位置,以便于施工。

(4)制订合理的铺装方案。若铺装环境特殊,施工方应及时与用户协商,并采取合理的解决方案。

(5)测量并计算所需地垫、踢脚板、扣条数量。

地垫铺设:

地垫铺设要求平整、不重叠地铺满整个铺设地面,接缝处应用胶带黏接严实。可在地垫下铺设防潮膜,其宽度方向的接缝处应重叠100 mm以上并用胶带黏接严实,墙角处翻起50 mm。

十六、浸渍纸层压木质地板和实木复合地板铺装过程中要求

(1)地板与墙及地面固定物间应加入一定厚度的木楔,使地板与其保持8~12 mm的距离。

（2）如采用错缝铺装方式，长度方向相邻两排地板端头拼缝间距应≥200 mm。

（3）同一房间首尾排地板宽度宜≥50 mm。

（4）如需施胶，涂胶应连续、均匀、适量，地板拼合后，应适时清除挤到地板表面上的胶粘剂。

（5）地板铺装长度或宽度≥8 m时，应在适当位置隔断预留伸缩缝，并用扣条过渡。靠近门口处宜设置伸缩缝，并用扣条过渡。扣条应安装稳固。

（6）在地板与其他地面材料衔接处，预留伸缩缝≥8 mm，并安装扣条过渡。扣条应安装稳固。

（7）在铺装过程中应随时检查，如发现问题应及时采取措施。

（8）安装踢脚板时，应将木楔取出后方可安装。

（9）铺装完毕后，铺装人员要全面清扫施工现场，并且全面检查地板的铺装质量，确定无铺装缺陷后方可要求用户在铺装验收单上签字确认。

（10）施胶铺装的地板应养护24 h方可使用。

十七、浸渍纸层压木质地板竣工验收规范

验收时间：

地板铺装结束后3 d内验收。

验收要点：

（1）地板铺装长度或宽度≥8 m时，宜采取合理间隔措施，设置伸缩缝并用扣条过渡。靠近门口处宜设置伸缩缝，并用扣条过渡，门扇底部与扣条间隙不小于3 mm，门扇应开闭自如。扣条应安装稳固。

（2）地板表面应洁净、平整。地板外观质量要符合相应产品标准要求。

（3）地板铺设应牢固、不松动，踩踏无明显异响。

铺装质量验收：

浸渍纸层压木质地板铺装质量验收按表5-1中的规定进行。

总体要求：

地板铺设竣工后，铺装单位与用户双方应在规定的验收期限内进行验收，对铺设总体质量、服务质量等予以评定，并办理验收手续。铺装单位应出具保修卡，承诺地板保修期内义务。

表 5-1 浸渍纸层压木质地板铺装质量验收

项目	测量工具	质量要求
表面平整度	2 m 靠尺（或细线绳）钢板尺,精度 0.5 mm	≤3.0 mm/2 m
拼装高度差	塞尺,精度 0.02 mm	≤0.15 mm
拼装离缝	塞尺,精度 0.02 mm	≤0.20 mm
地板与墙及地面固定物间的间隙	钢板尺,精度 0.5 mm	8~12 mm
地板表面		无损伤、无明显划痕
异响		主要行走区域不明显

实木复合地板面层质量按表 5-2 中的规定进行验收。

表 5-2 实木复合地板面层质量验收

项目		测量工具	质量要求
表面平整度		2 m 靠尺（或细线绳）钢板尺,精度 0.5 mm	≤3.0 mm/2 m
拼装高度差	有倒角	塞尺,精度 0.02 mm	≤0.20 mm
	无倒角		≤0.25 mm
拼装离缝		塞尺,精度 0.02 mm	≤0.40 mm
地板与墙及地面固定物间的间隙		钢板尺,精度 0.5 mm	8~12 mm
漆面			无损伤、无明显划痕
异响			主要行走区域不明显

十八、地采暖地板一般选择的板材

所有木质地板中,实木复合地板更适合地暖,主要原因是实木复合地板热收缩率强。如实木地板在地热采暖情况下收缩量可达到 2 mm 以上,而实木复合地板的收缩量仅为实木地板收缩量的 1/20,所以实木复合地板更适宜在地热采暖环境中使用。复合实木地板表层多为优质珍贵木材,地板木纹优美;表面大多涂 5 遍以上的优质 UV 涂料,有较理想的硬度、耐磨性、抗刮性,而且阻燃、光滑、便于清洗,它保留了实木地板的各种优点,摒弃了强化复合地板的不足,节约了大量自然资源。实木复合地板具有天然木质感、容易安装维护、防腐防潮、有较好的抗菌性,现在是欧美国家主流地暖地板,并在近年逐渐被我国老百姓所接受。

十九、浸渍纸层压木质地板保修期内质量要求

（1）保修期限。

在正常使用条件下，自验收之日起保修期为 1 年。

（2）地板面层质量要求。

GB/T 20238—2018《木质地板铺装、验收和使用规范》对浸渍纸层压木质地板面层质量的要求见表 5-3。

表 5-3　浸渍纸层压木质地板面层质量要求

项目	测量工具	质量要求
表面平整度	2 m 靠尺 钢板尺，分度值 0.5 mm	≤3.0 mm/2 m
拼装高度差	塞尺，分度值 0.02 mm	≤0.30 mm
拼装离缝	塞尺，分度值 0.02 mm	≤0.35 mm
起拱	2 m 靠尺 钢板尺，分度值 0.5 mm	≤3.0 mm/2 m
卷边	钢板尺 塞尺，分度值 0.02 mm	接缝处上翘高度≤0.25 mm/块
局部变蓝	—	不允许
装饰层破损	—	正常使用条件下，不允许表面装饰层磨损或破坏
分层	—	不允许

注：非平面类仿古木质地板不检拼装高度差。

GB/T 20238—2018《木质地板铺装、验收和使用规范》对实木复合地板面层质量的要求见表 5-4。

表 5-4　实木复合地板面层质量要求

项目	测量工具	质量要求
表面平整度	2 m 靠尺 钢板尺，分度值 0.5 mm	≤3.0 mm/2 m
拼装高度差	塞尺，分度值 0.02 mm	≤0.5 mm
拼装高缝	塞尺，分度值 0.02 mm	≤1.0 mm
起拱	2 m 靠尺 钢板尺，分度值 0.5 mm	≤3.0 mm/2 m

续表 5-4

项目	测量工具	质量要求
宽度方向凹翘曲度	钢板尺 塞尺,分度值 0.02 mm	最大拱高≤0.8 mm/块
分层	—	不允许
开裂	—	裂缝宽度≤0.3 mm,裂缝宽度≤地板长度的4%,宽度≤0.1 mm 的裂缝不计
漆面质量	—	漆膜不允许鼓泡、皱皮,龟裂地板的累计面积不超过饰装面积的5%
虫蛀	—	地板中不允许有原生虫卵、蝇、幼虫、或虫引发的虫蛀

注:①非平面类仿古木质地板不检拼装高度差。

②测量方法按 GB/T 15036.2—2009 中 3.1.2.6.1 的规定进行。

(3)维修。

在正常维护条件下使用,保修期内出现不符合质量要求时,保修方应对超标部位的地板进行免费更换和维修。

(4)维修后的验收。

地板修复后,保修方和用户双方应及时对修复后的地板面层进行验收,对修复总体质量、服务质量等予以评定。保修方应在保修卡上登记修复情况,用户签字认可。保修方在剩余保修期内有继续保修的义务。

二十、地采暖用木质地板在铺装前规定

GB/T 20238—2018《木质地板铺装、验收和使用规范》对地采暖用木质地板的铺装规定如下:

(1)在铺装前,应将铺装方法、铺装要求、工期、验收规范等向用户说明并征得其认可。

(2)地板铺装应在地面隐蔽工程、吊顶工程、墙面工程、水电工程完成并验收后进行。

(3)地面基础的强度和厚度应符合房屋验收规定。

(4)地面应平整,用 2 m 靠尺检测地面平整度,靠尺与地面的最大弦高应≤3 mm。

(5)地面含水率应低于10%。

(6)严禁使用超出强制性标准限量的材料。

（7）地面不允许打眼、钉钉，以防破坏地面供暖系统。

二十一、地采暖用木质地板供暖系统和主要材料质量

（1）供暖系统的要求。

GB/T 20238—2018《木质地板铺装、验收和使用规范》对供暖系统的要求如下：

①地面供暖系统必须采用标准元件，供暖系统应封闭、绝缘。供热温度均匀，供热时水泥地面的温度应不超过 55 ℃。

②地采暖用木质地板应在地面供暖系统加热试验合格后进行铺装。

（2）主要材料质量要求。

重点针对甲醛释放量和铺装用胶粘剂有毒有害物质限量进行相应规定：

①浸渍纸层压木质地板、实木复合地板应符合相关标准的规定，甲醛释放量应符合相关标准的规定。

②地垫≥2 mm。

③铺装用胶粘剂中有毒有害限量应符合相关标准的规定。

（3）用户认可。

用户认可是指在地板铺装之前，用户对原辅材料的质量、数量、产品包装及标识等进行确认。

铺装单位提供验货单，地采暖用木质地板按浸渍纸层压木质地板和实木复合地板铺装中用户认可有关规定进行。

二十二、地采暖用木质地板悬浮法铺装技术要求

（1）铺装前准备。

①彻底清理地面，确保地面无浮土、无明显凸出物和施工废弃物。

②测量地面的含水率，地面含水率合格后方可施工。严禁湿地施工，并防止有水源处（如暖气出水处、厨房和卫生间连接处）向地面渗漏。

③根据用户房屋已铺设的管道、线路布置情况，标明各管道、线路的位置，以便于施工。

④制订合理的铺装方案。若铺装环境特殊，应及时与用户协商，并采取合理的解决方案。

⑤测量并计算所需地垫、踢脚板、扣条数量。

（2）防潮膜铺设。

防潮膜铺设要求平整并铺满整个铺设地面,其宽度方向的接缝处应重叠 200 mm 以上并用胶带黏接严实,墙角处翻起 50 mm。

(3)地垫铺设。

地垫铺设要求平整、不重叠地铺满整个铺设地面,接缝处应用胶带黏接严实。

(4)地板铺装。

①地板与墙及地面固定物间应加入一定厚度的木楔,使地板与其保持 8~12 mm 距离。

②如采用错缝铺装方式,长度方向相邻两排地板端头拼缝间距应≥200 mm。

③同一房间首尾排地板宽度宜≥50 mm。

④地板拼接时应施胶,涂胶应连续、均匀、适量,地板拼合后,应适时清除挤到地板表面上的胶粘剂。

⑤地板铺装长度或宽度≥8 m 时,应在适当位置进行隔断预留伸缩缝,并用扣条过渡。靠近门口处宜设置伸缩缝,并用扣条过渡。扣条应安装稳固。

⑥在地板与其他地面材料衔接处,预留伸缩缝≥8 mm,并安装扣条过渡。扣条应安装稳固。

⑦在铺装过程中应随时检查,如发现问题应及时采取措施。

⑧安装踢脚板时,应将木楔取出后方可安装。

⑨铺装完毕后,铺装人员要全面清扫施工现场,并且全面检查地板的铺装质量,确定无铺装缺陷后方可要求用户在铺装验收单上签字确认。

⑩施胶铺装的地板应养护 24 h 方可使用。

(5)地板铺装质量要求。

浸渍纸层压木质地板铺装质量要求应符合表 5-1 的规定。

实木复合地板铺装质量要求应符合表 5-2 的规定。

二十三、地采暖用木质地板直接胶粘法铺装技术要求

(1)铺装前准备。

直接胶粘法铺装与悬浮法铺装前准备的要求相同。

(2)地板铺装。

①地板与墙及地面固定物间应加入一定厚度的木楔,使地板与其保持 8~12 mm 距离。

②如采用错缝铺装方式,长度方向相邻两排地板端头拼缝间距应≥200 mm。

③同一房间首尾排地板宽度宜≥50 mm。

④在地板与其他地面材料衔接处,预留伸缩缝 8 mm,并安装扣条过渡。扣条应安装稳固。

⑤在地板背面施点胶或面胶后,按铺装方案将木地板逐块直接黏固于地面上。

⑥黏接地板时,须用专用木锤敲击严实,并用沙袋在木质地板端头接口处压实。

⑦地板铺装长度或宽度≥8 m 时,应在适当位置进行隔断,预留伸缩缝,并用扣条过渡。靠近门口处宜设置伸缩缝,并用扣条过渡。扣条应安装稳固。

⑧在铺装过程中应随时检查,如发现问题应及时采取措施。

⑨安装踢脚板时,应将木楔取出后方可安装。

⑩铺装完毕后,铺装人员要全面清扫施工现场,并且全面检查地板的铺装质量,确定无铺装缺陷后方可要求用户在铺装验收单上签字确认。

⑪施胶铺装的地板应养护 24 h 方可使用。

（3）地板铺装质量要求。

浸渍纸层压木质地板铺装质量要求应符合表 5-1 的规定。

实木复合地板铺装质量要求应符合表 5-2 的规定。

二十四、地采暖用木质地板竣工验收规范

（1）验收时间。

地板铺装结束后 3 d 内验收。

（2）验收要点。

①地板铺装长度或宽度≥8 m 时,宜采取合理间隔措施,设置伸缩缝并用扣条过渡。靠近门口处,宜设置伸缩缝并用扣条过渡。门扇底部与扣条间隙不小于 3 mm,门扇应开闭自如。扣条应安装稳固。

②地板表面应洁净、平整。地板外观质量要符合相应产品标准要求。

③地板铺设应牢固、不松动,踩踏无明显异响。

（3）铺装质量验收。

按表 5-1 或表 5-2 的规定进行验收。

（4）踢脚板安装质量验收。

按表 5-1、表 5-2 中的规定进行验收。

（5）总体要求。

地板铺设竣工后,铺装单位与用户双方应在规定的验收期限内进行验收,对铺设总体质量、服务质量等予以评定,并办理验收手续。铺装单位应出具保修卡,承诺地板保修期内义务。

二十五、地采暖用木质地板保修期内质量要求

（1）保修期限。

在正常使用条件下,自验收之日起保修期为 1 年。

（2）地板面层质量要求。

应符合表 5-3 或表 5-4 的规定。

（3）维修。

在正常使用条件下,保修期内出现不符合质量要求时,保修方应对超标部位的地板进行免费更换和维修。

（4）维修后的验收。

地板修复后,保修方和用户双方应及时对修复后的地板面层进行验收,对修复总体质量、服务质量等予以评定。保修方应在保修卡上登记修复情况,用户签字认可。保修方在剩余保修期内有继续保修的义务。

二十六、竹木地板保养

竹地板安装之后,应保持室内干湿度,因为竹子是自然材料,随气候干湿度变化而变化。在北方地区特别是冬天开放暖气时,应在室内通过不同方法调节湿度,比如采用加湿器或在暖气旁边放盆水等;在夏季潮湿时,应多开窗通风,保持室内干燥。竹地板应避免阳光暴晒,如果雨水淋湿或用水冲洗,应及时擦干,同时应尽量避免硬物撞击、利器刻划和金属摩擦等。竹地板在理论上使用寿命可达 20 年左右,正确的安装和保养是延长竹地板使用寿命的关键:①定期清洁、打蜡,局部脏迹可用清洁剂清洗。②用不滴水的拖布顺地板方向拖擦,避免含水率剧增。③防止阳光长期暴晒。④室内湿度≤40% 时,应采到加湿措施;室内湿度≥80% 时应通风排湿。⑤搬动重物、家具等,以搬动为宜,请勿拖曳。⑥竹地板保养特别注意事项:竹地板虽然经过工厂的精心加工,尽可能地方便用户的使用与保养,但由于其依然保持了竹子及木本植物的天然本性,所以用户在使用中依然要注意如下几个问题:①勿让水泡:在清洁地板时,尽量用拧干的抹布擦,勿让水从地板缝中流入地板下面。如不慎被水泡,应在最短时间内通知厂家,以便及时上门处理,减少您的损失。②勿让硬物、利器损伤地板:如有小划伤请用地板蜡擦揩,可以修复这些划痕。③勿让强烈的阳光或腐蚀性的物品损坏地板:应避免强烈阳光直照地板,以免加速漆膜的老化;不要让腐蚀性物品侵蚀漆膜。④在冬季应尽可能保持室内空气的湿度,一般空气的含水率在 40%~60% 为宜。⑤在炎热、高温、多雨的夏季,应经常打开空调抽湿,以防止

地板潮湿、起鼓。⑥新安装的住户如未及时入住,应经常开窗通风,用拧干的抹布擦地板,以保持室内空气的新鲜及恰当的湿度。

二十七、木地板开裂

地板开裂和室内干燥与否无关,这是地板自身含水率不合格造成的。当地板含水率高于当地标准时,由于内部水分的散失就会造成地板开裂。这种开裂即使室内不干燥也会发生,只是时间问题。如果是地板之间的缝隙处变大,那就是因为水分散失造成地板干缩,不必管它,待室内湿度合适时缝隙会变小,也可以采用加湿器来调整室内湿度。如果是地板自身开裂,那么可以用木屑(锯末)和明矾、色粉加水调成糊状,填抹在开裂的缝隙内,待干透后用水砂纸打磨平整,然后刷上清漆即可。

二十八、地采暖地板保养

(1)地采暖地板初次使用时加热要循序逐渐进展。

①使用地采暖地板时,消费者必须注意循序逐渐进地给地坪和地板加热。安装时,地表温度应保持在18 ℃左右。在安装前,要对地面逐渐升温,每天增加5 ℃,直到达到18 ℃左右的标准。在安装完成后的头3天内,要接续保持这一温度,3天之后才可根据需要升温,而且每天只能升温5 ℃。

②第一次使用地热采暖,注意应缓慢升温。初次使用时,供暖开始的前三天要逐渐升温,例如第一天水温18 ℃,第二天25 ℃,第三天30 ℃,第四天才可升至预设温度,即水温45 ℃,地表温度28~30 ℃。不能升温太快,太快的话,地板可能会因膨胀发生开裂扭曲现象。

③最后再次启用地热采暖系统时,也要像第一次使用那样,严格按加热程序升温。

(2)地采暖地板地表温度不能太高。

使用地热采暖,地表温度不应超过28 ℃,水管温度不能超过45 ℃,如果超过这个温度的话,会影响地板的使用寿命和使用周期。一般的家庭,冬季室温达到22 ℃左右就较为舒适了,连续缓慢升温的话,是不会影响地采暖地板的使用的。

(3)关闭地热系统,注意降温要逐渐进展。

随着季节的推移,当气候暖和起来,室内不再需要地热系统供暖时,应注意关闭地热系统也要有一个过程,地板的降温过程也要循序逐渐进展,不成骤降,如果降温速率太快的话,也会影响地板的使用寿命。

(4)房间过于干燥时,可以加湿。

①冬季气候干燥,加上使用地热采暖,地板长期居于高温的情况下,容易干裂,这时业主有必要给房间加湿,以免地板干裂变形。

②装修时注意不能在地面打孔、钉钉子,以免打漏地热管线,导致地热系统跑水,地板泡水报废。另外,由于地板表面是散热面,地板上尽量不要做固定装饰件或安放无腿的家具,也不宜加建地台,以免影响热空气流动,导致房间取暖效果不佳。

③由于地板表面温度比较高,使用地热采暖系统的房间冬天最好不要在地面直接放置盛水的玻璃器皿和青瓷,以免因受热不均,热胀冷缩,导致器皿破裂,家中"水漫金山"。

二十九、木质地板铺装相关名词的定义

(1)木栓:用作打入混凝土钻孔的木塞,便于钉木龙骨钉。

(2)地面隐蔽工程:地板铺装时遮盖的工程项目,如管线等。

(3)防潮膜:起防潮作用的塑料薄膜。

(4)引眼:为便于钉入固定地板的地板钉,预先在钉地板钉处钻的导孔。

(5)拼装离缝:铺装后相邻地板条之间的拼接缝隙。

(6)拼装高度差:铺装后相邻地板条之间的高度差。

(7)地面固定物:固定在地面上的立柜、柱子、管道、隔断等凸出物体。

(8)地垫:平铺在地板下起缓冲、降噪和防潮作用的材料,厚度一般不小于 2 mm。

(9)卷边:地板边缘向上翘起。

(10)界面剂:采用高分子共聚乳液、添加剂、填料等原料制成的水溶性溶剂,用以密封地面孔隙和提高地面面层强度,充分发挥地面用水泥基自流平砂浆和黏合剂的性能。适用于水泥、瓷砖、水磨石、石膏板、无沙沥青、木地板、刨花板等基层。

(11)地面用水泥基自流平砂浆:由水泥基胶凝材料、细骨料、填料及添加剂等组成,与水(或乳液)搅拌后具有流动性或稍加辅助性铺摊就能流动找平的地面用材料。

(12)毛地板垫底法:毛地板是确保地板铺装基础平整的板材,铺设在地板和木龙骨之间,如多层胶合板、细木工板或刨花板等。毛地板垫底法是用大幅面人造板做毛地板并固定在地面上,地板按悬浮法在毛地板上铺设。

(13)直接胶粘铺装法:是将地板块用胶粘剂与地面直接粘贴的铺装方法。直接胶粘铺装法适用于软木地板和地采暖用实木复合地板的室内直接胶粘法铺装。

(14)悬浮铺装法:是将地板铺在地面上铺好的防潮垫层上,地板与地面呈悬浮

状态。悬浮铺装法适用于浸渍纸层压木质地板、实木复合地板、软木复合地板、地采暖用实木复合地板和地采暖用浸渍纸层压木质地板的室内悬浮法铺装。

（15）木龙骨铺装法：木龙骨是具有较强握钉力，用于支撑地板的木条。木龙骨铺装法是在地面上铺设木龙骨，找平、固定后在上面钉装地板。木龙骨与地面有缝隙时，应用耐磨、硬质材料垫实。木龙骨铺装法适用于实木地板、实木集成地板和竹地板的室内铺装。

三十、地热采暖的木地板的选择

木地板的尺寸要稳定，热稳定要好，含水率偏低，这样地板受热后就不容易变形；要利于热交换和传导，垫层材料不宜过厚；地板尺寸宜薄不宜厚，宜宽不宜窄，以利于抗变形、热传导的要求。

附　录

附录1　木材月平衡含水率和年平均值

（单位：%）

城市名称	1月	2月	3月	4月	5月	6月	7月	8月	9月	10月	11月	12月	年平均
北京	10.3	10.7	10.6	8.5	9.8	11.1	14.7	15.6	12.8	12.0	10.8	11.4	11.4
哈尔滨	17.2	15.1	12.4	10.8	10.1	13.2	15.0	14.5	14.6	14.0	12.3	15.2	13.6
齐齐哈尔	16.0	14.6	11.9	9.8	9.4	12.5	13.6	13.1	13.8	12.9	13.5	14.5	12.9
佳木斯	16.0	14.8	13.2	11.0	10.3	13.2	15.1	15.0	14.5	13.0	13.9	14.9	13.7
牡丹江	15.8	14.2	12.9	11.1	10.8	13.9	14.5	15.1	14.9	13.7	14.5	16.0	13.9
克山	18.0	16.4	13.5	10.5	9.9	13.3	15.5	15.1	14.9	13.7	14.6	16.1	14.3
长春	14.3	13.8	11.7	10.0	10.1	13.8	15.3	15.7	14.0	13.5	13.8	14.6	13.3
四平	15.2	13.7	11.9	10.0	10.4	13.5	15.0	15.3	14.0	13.5	14.2	14.8	13.2
沈阳	14.1	13.1	12.0	10.9	11.4	13.8	15.5	15.6	13.9	14.3	14.2	14.5	13.4
大连	12.6	12.8	12.3	10.6	12.2	14.3	18.3	16.9	14.6	12.5	12.5	12.3	13.0
呼和浩特	12.5	11.3	9.9	9.1	8.6	11.0	13.0	12.1	11.9	11.1	12.1	12.8	11.2
天津	11.6	12.1	11.6	9.7	10.5	11.9	14.2	15.2	13.2	12.7	13.3	12.1	12.1
太原	12.3	11.6	10.9	9.1	9.3	10.6	12.6	14.5	13.8	12.7	12.8	12.6	11.7
石家庄	11.9	12.1	11.7	9.9	9.9	10.6	13.7	14.9	13.0	12.8	12.6	12.1	11.8
济南	12.3	12.3	11.1	9.6	9.6	9.8	13.4	15.2	12.2	11.0	12.2	12.8	11.7
青岛	13.2	14.0	13.9	13.0	14.9	17.1	20.0	18.3	14.3	12.8	13.1	13.5	14.4
郑州	13.2	14.0	14.1	11.2	10.6	10.2	14.0	14.6	13.2	12.4	13.4	13.0	12.4
洛阳	12.9	13.5	13.0	11.9	10.6	10.2	13.7	15.9	11.1	12.4	13.2	12.8	12.7
乌鲁木齐	16.0	18.8	15.5	14.6	8.5	8.8	8.4	8.0	8.7	11.2	15.9	18.7	12.7
银川	13.6	11.9	10.6	9.2	8.8	9.6	11.1	13.5	12.5	12.5	13.8	14.1	11.8
西安	13.7	14.2	13.4	13.1	13.0	9.8	13.7	15.0	16.0	15.5	15.5	15.2	14.3
兰州	13.5	11.3	10.1	9.4	8.9	9.3	10.0	11.4	12.1	12.9	12.2	14.3	11.3
西宁	12.0	10.3	9.7	9.8	10.2	11.1	12.2	13.0	13.0	12.7	11.8	12.8	11.5
成都	15.9	16.1	14.4	15.0	14.2	15.2	16.8	16.8	17.5	18.3	17.6	17.4	16.0

续表

城市名称	1月	2月	3月	4月	5月	6月	7月	8月	9月	10月	11月	12月	年平均
重庆	14.7	15.4	14.9	14.7	14.8	14.7	15.4	14.8	15.7	18.1	18.0	18.2	15.9
雅安	15.2	15.8	15.3	14.7	13.8	14.1	15.6	16.9	17.0	18.3	17.6	17.0	15.3
康定	12.8	11.5	12.2	13.2	14.2	16.2	16.1	15.7	16.8	16.6	13.9	12.6	13.9
宜宾	17.0	16.4	15.5	14.9	14.2	11.2	16.2	15.9	17.3	18.7	17.9	17.7	16.3
昌都	9.4	8.8	9.1	9.5	9.9	12.2	12.7	13.3	13.4	11.9	9.8	9.8	10.3
拉萨	7.2	7.2	7.6	7.7	7.6	10.2	12.2	12.7	11.9	9.0	7.2	7.8	8.6
贵阳	17 .7	16.1	15.3	14.6	15.1	15.0	14.7	15.3	14.9	16.0	15.9	16.1	15.4
昆明	12.7	11.0	10.7	9.8	12.4	15.2	16.2	16.3	15.7	16.6	15.3	14.9	13.5
上海	15.8	16.8	16.5	15.5	16.3	17.9	17.5	16.6	15.8	14.7	15.2	15.9	16.0
南京	14.9	15.7	14.7	13.9	14.3	15.0	17.1	15.4	15.0	14.8	14.5	14.5	14.9
徐州	15.7	14.7	13.3	11.8	12.4	11.6	16.2	16.7	14.0	13.0	13.4	14.4	13.9
合肥	15.7	15.9	15.0	13.6	14.1	14.2	16.6	16.0	14.8	14.2	14.6	15.1	14.8
芜湖	16.9	17.1	17.0	15.1	15.5	16.0	16.5	15.7	15.3	14.8	15.9	16.3	15.8
武汉	16.4	16.7	16.0	16.0	15.5	15.2	15.3	15.0	14.5	14.5	14.8	15.3	15.4
宜昌	15.5	14.7	15.7	16.3	15.8	15.0	11.7	11.1	11.2	14.8	14.4	15.6	15.4
杭州	16.3	18.0	16.9	16.0	16.0	16.4	15.4	15.7	16.3	16.3	16.7	17.0	16.5
温州	15.9	18.1	19.0	18.4	19.7	19.9	18.0	17.0	17.1	14.9	14.9	15.1	17.3
南昌	16.4	19.3	18.2	17.4	17.0	16.3	14.7	14.1	15.0	14.4	14.7	15.2	16.0
九江	16.0	17.1	16.4	15.7	15.8	16.3	15.3	15.0	15.2	14.7	15.0	15.3	15.8
长沙	18.0	19.5	19.2	18.1	16.6	15.5	14.2	14.3	14.7	15.3	15.5	16.1	16.5
衡阳	19.0	20.6	19.7	18.9	16.5	15.1	14.1	13.6	15.0	16.7	19.0	17.0	16.8
福州	15.1	16.8	17.6	16.5	18.0	17.1	15.5	14.8	15.1	13.5	13.4	14.2	15.6
永安	16.5	17.7	17.0	16.9	17.3	15.1	14.5	14.9	15.9	15.2	16.0	17.7	16.3
厦门	14.5	15.6	16.6	16.4	17.9	18.0	16.5	15.0	14.6	12.6	13.1	13.8	15.2
崇安	14.7	16.5	17.6	16.0	16.7	15.9	14.8	14.3	14.5	13.2	13.9	14.1	15.0
南平	15.8	17.1	16.6	16.3	17.0	16.7	14.8	14.9	15.6	14.9	15.8	16.4	16.1
南宁	14.7	16.1	17.4	16.6	15.9	16.2	16.1	16.5	14.8	13.6	13.5	13.6	15.4
桂林	13.7	15.4	16.8	15.9	16.9	15.1	14.8	14.8	12.7	12.3	12.6	12.8	14.4
广州	13.3	16.0	17.3	17.6	17.6	17.5	16.6	16.1	14.7	13.0	12.4	12.9	15.1
海口	19.2	19.1	17.9	17.6	17.1	16.1	15.7	17.5	18.0	16.9	16.1	17.2	17.3
台北	18.0	17.9	17.2	17.5	15.9	16.1	14.7	14.7	15.1	15.4	17.0	16.9	16.4

附录2 木材平衡含水率与温度、相对湿度的对应速查表

当木材平衡含水率为8%时,要求温度和相对湿度对应为:

温度(℃)	-20	-15	-10	-5	0	5	10	15	20	25	30	35	40
相对湿度(%)	28	30	32	34	35	37	39	40	42	44	46	48	50

当木材平衡含水率为9%时,要求温度和相对湿度对应为:

温度(℃)	-20	-15	-10	-5	0	5	10	15	20	25	30	35	40
相对湿度(%)	35	37	39	41	42	44	46	48	50	52	54	55	57

当木材平衡含水率为10%时,要求温度和相对湿度对应为:

温度(℃)	-20	-15	-10	-5	0	5	10	15	20	25	30	35	40
相对湿度(%)	42	44	45	47	50	51	52	54	55	57	59	60	62

当木材平衡含水率为11%时,要求温度和相对湿度对应为:

温度(℃)	-20	-15	-10	-5	0	5	10	15	20	25	30	35	40
相对湿度(%)	49	50	52	54	55	57	58	59	60	62	64	65	67

当木材平衡含水率为12%时,要求温度和相对湿度对应为:

温度(℃)	-20	-15	-10	-5	0	5	10	15	20	25	30	35	40
相对湿度(%)	55	56	58	59	60	62	63	64	65	67	68	70	71

当木材平衡含水率为13%时,要求温度和相对湿度对应为:

温度(℃)	-20	-15	-10	-5	0	5	10	15	20	25	30	35	40
相对湿度(%)	61	63	64	64	66	67	68	69	70	73	73	74	75

当木材平衡含水率为14%时,要求温度和相对湿度对应为:

温度(℃)	-20	-15	-10	-5	0	5	10	15	20	25	30	35	40
相对湿度(%)	66	67	69	70	71	72	73	74	75	76	77	78	79

当木材平衡含水率为15%时,要求温度和相对湿度对应为:

温度(℃)	-20	-15	-10	-5	0	5	10	15	20	25	30	35	40
相对湿度(%)	70	72	73	74	75	76	76	77	78	79	80	80	81

附录3　实木地板 第1部分:技术要求
(GB/T 15036.1—2018)

1　范围

GB/T 15036 的本部分规定了实木地板的术语和定义、分类、要求以及包装、标志、运输和贮存。

本部分适用于未经拼接、覆贴的单块木材直接加工而成的地板。

2　规范性引用文件

下列文件对于本文件的应用是必不可少的。凡是注日期的引用文件,仅注日期的版本适用于本文件。凡是不注日期的引用文件,其最新版本(包括所有的修改单)适用于本文件。

GB/T 4823—2013 锯材缺陷

GB/T 16734—1997 中国主要木材名称

GB/T 18103—2013 实木复合地板

GB/T 18107 红木

GB/T 18513—2001 中国主要进口木材名称

3　术语和定义

GB/T 4823—2013、GB/T18103—2013 界定的以及下列术语和定义适用于本文件。

3.1　**实木地板** solid wood flooring board

用实木直接加工而成的地板

3.2　**非平面实木地板** solid wood flooring board with uneven surface

具有凹凸、模压、锯痕、拉丝等独特表面的实木地板。

3.3　**未涂饰实木地板** unlacquered solid wood flooring board

表面未涂饰的实木地板。

3.4　**漆饰实木地板** lacquered solld wood flooring board

表面涂漆的实木地板。

3.5 油饰实木地板 varnished solid wood flooring board

表面经木蜡油、植物油等涂饰的实木地板。

3.6 拼装离缝 assembled gap

相邻两块地板之间的拼接缝隙。

3.7 拼装高度差 assembled high difference

相邻两块地板表面之间的高度差。

3.8 加工波纹 processed snaking

加工不当造成实木地板表面呈波纹状。

4 分类

4.1 按表面形态分：

——平面实木地板；

——非平面实木地板。

4.2 按表面有无涂饰分类：

——涂饰实木地板；

——未涂饰实木地板。

4.3 按表面涂饰类型分类：

—— 漆饰实木地板；

——油饰实木地板。

4.4 按加工工艺分：

——普通实木地板；

——仿古实木地板。

5 技术要求

5.1 等级

平面实木地板按外观质量、理化性能分为优等品和合格品,非平面实木地板不分等级。

5.2 规格尺寸与偏差

5.2.1 规格尺寸

5.2.1.1 规格尺寸应符合表1的要求。

表1　规格尺寸要求　　　　　　　　　　　　　（单位：毫米）

长度	宽度	厚度	榫舌宽度
≥250	≥40	≥8	≥3.0

注：其他尺寸的产品可按供需双方协议执行。

5.2.1.2　每个包装中允许配比不超过3块短板,宽厚相同、总长度与公称长度相同的地板。

5.2.1.3　非平面实木地板公称厚度是指其最大厚度。

5.2.2　尺寸偏差

5.2.2.1　实木地板的尺寸偏差应符合表2的要求。

表2　尺寸偏差要求　　　　　　　　　　　　　（单位：毫米）

项目	要求
长度偏差	公称长度与每个测量值之差绝对值≤1
宽度偏差	公称宽度与平均宽度之差绝对值≤0.50,宽度最大值与最小值之差≤0.30
厚度偏差	公称厚度与平均厚度之差绝对值≤0.30,厚度最大值与最小值之差≤0.40

5.2.2.2　长度和宽度不包括榫舌部分的净长和净宽。

5.2.2.3　非平面实木地板,厚度偏差不作要求。

5.2.3　形状位置偏差

形状位置偏差应符合表3要求。

表3　实木地板的性状位置偏差

项目	要求
翘曲度	宽度方向翘曲度≤0.20%,长度方向翘曲度≤1.00%
拼装离缝	最大值≤0.30 mm
拼装高度差	最大值≤0.20 mm

注：非平面实木地板拼装高度差不做要求

5.3　**外观质量**

外观质量应符合表4要求,有特殊要求的可按双方协议执行。

表 4　外观质量

名称	正面		背面
	优等品	合格品	
活节	直径≤15 mm 不计,15 mm<直径<50 mm,地板长度≤760 mm,≤1 个;760 mm<地板长度≤1 200 mm,≤3 个;地板长度>1 200 mm,5 个	直径≤50 mm,个数不限	不限
死节	应修补,直径≤5 mm,地板长度≤760 mm,≤1 个;760mm<地板长度≤1 200 mm,≤3 个;地板长度>1 200 mm,≤5 个	应修补,直径≤10 mm,地板长度≤760 mm,≤2 个;地板长度>760 mm,≤5 个	应修补,不限尺寸或数量
蛀孔	应修补,直径≤1 mm,地板长度≤760 mm,≤3 个;地板长度>760 mm,≤5 个	应修补,直径≤2 mm,地板长度≤760 mm,≤5 个;地板长度>760 mm,≤10 个	应修补,直径≤3 mm,个数≤15 个
表面裂纹	应修补,裂长≤长度的15%,裂宽≤0.50 mm,条数≤2 条	应修补,裂长≤长度的20%,裂宽≤1.0 mm,条数≤3 条	应修补,裂长≤长度的 20%,裂宽≤2.0 mm,条数≤3 条
树脂囊	不得有	长度≤10 mm,宽度≤2 mm,≤2 个	不限
髓斑	不得有	不限	不限
腐朽	不得有		腐朽面积≤20%,不剥落,也不能捻成粉末
缺棱	不得有		长度≤地板长度的 30%,宽度≤地板宽度的20%
加工波纹	不得有	不明显	不限
榫舌残缺	不得有	缺榫长度≤地板总长度的15%,且缺榫宽度不超过榫舌宽度的1/3	
漆膜划痕	不得有	不明显	—

续表 4

名称	正面		背面
	优等品	合格品	
漆膜鼓泡	不得有		–
漏漆	不得有		–
漆膜皱皮	不得有		–
漆膜上针孔	不得有	直径≤0.5 mm,≤3个	–
漆膜粒子	长度≤760 mm,≤1个 长度>760 mm,≤2个	长度≤760 mm,≤3个 长度>760 mm,≤5个	

注:1.在自然光或光照度 300 lx~600 lx 范围内的近似自然光(例如 40W 日光灯)下,视距为 700 mm~1 000 m 内,目测不能清晰地观察到的缺陷即为不明显。

　　2.非平面地板的活节、死节、蛀孔、表面裂纹、加工波纹不作要求。

5.4　理化性能

5.4.1　理化性能应符合表 5 要求。

表 5　理化性能要求

检验项目		单位	优等品	合格品
含水率		%	6.0≤含水率≤我国各使用地区的木材平衡含水率	
			同批地板试样间平均含水率最大值与最小值之差不得超过3.0,且同一板内含水率最大值与最小值之差不得超过2.5	
漆膜表面耐磨		–	≤0.08 g/100 r,且漆膜未磨透	≤0.12 g/100 r,且漆膜未磨透
漆膜附着力		级	≤1	≤3
漆膜硬度		–	≥H	
漆膜表面耐污染		–	无污染痕迹	
重金属含量 (限色漆)	可溶性铅	mg/kg	≤30	
	可溶性镉	mg/kg	≤25	
	可溶性铬	mg/kg	≤20	
	可溶性汞	mg/kg	≤20	

5.4.2　我国各省(区)、直辖市木材平衡含水率按附录 A 中表 A.1 规定执行。

5.4.3　非平面实木地板、未涂饰实木地板、油饰实木地板漆膜表面耐磨、漆膜附着力、漆膜硬度、漆膜表面耐污染不作要求。

5.5 木材名称

5.5.1 明示木材名称应与实际名称一致,采用中文学名(木材名称)或流通商品名,并标注拉丁名。

5.5.2 主要木材名称见附录 B 中表 B.1。本部分以外的木材名称按 GB/T 16734—1997、GB/T 18107、GB/T 18513—2001 执行。

6 包装、标志、运输和贮存

6.1 包装

产品出厂时应按类别、规格、等级分别包装,包装时应保证产品免受磕碰、压伤、划伤和污损。对包装有特殊要求时,可由供需双方商定。

6.2 标志

产品包装箱应印有或贴有清晰且不易脱落的标志,用中注明生产厂名、厂址、商标、执行标准号、生产许可证编号、产品名称、规格、等级、木材名称及拉丁文、数量、涂饰方式、批次号等标志,非平面木地板应在包装上注明。

6.3 运输和贮存

产品在运输和贮存过程中应平整堆放,防止污损、潮湿、雨淋、防水、防火、防虫蛀。

附录 A

（规范性附录）

我国各省（区）、直辖市木材平衡含水率

我国各省（区）、直辖市木材平衡含水率见表 A.1

表 A.1　我国各省（区）、直辖市木材平衡含水率

省（区）、直辖市名称	木材平衡含水率（平均值）（%）	省（区）、直辖市名称	木材平衡含水率（平均值）（%）
黑龙江	13.0	湖南	15.9
吉林	12.5	广东	15.2
辽宁	12.0	海南	16.4
新疆	9.5	广西	15.2
甘肃	10.3	四川	13.1
宁夏	9.6	贵州	15.8
陕西	12.8	云南	14.1
内蒙古	10.2	西藏	8.3
山西	10.7	北京	10.6
河北	11.1	天津	11.7
山东	12.8	上海	14.8
江苏	15.3	重庆	15.9
安徽	14.6	湖北	15.2
浙江	15.5	青海	10.0
江西	15.3	河南	13.5
福建	15.1	香港	—
澳门	—	台湾	—

注：根据中国工程建设标准《木质地板铺装工程技术规程》ICS191：2005 中，我国主要城市和地区的平均气候值计算出各省（市）、直辖市木材平衡含水率（平均值）。

附录 B

（规范性附录）

主要适用树种名称

主要适用树种名称见表 B.1。

表 B.1　主要适用树种名称

序号	木材名称	拉丁文	流通商用名	序号	木材名称	拉丁文	流通商用名
1	硬木松	*Pinus* sp.	辐射松、樟子松	51	克莱木	*Klainedoax* sp.	热非粘木
2	落叶松	*Larix* sp.	落叶松	52	桂樟	*Cinnamomum* sp.	桂樟
3	槭木	*Acer* sp.	槭木	53	铁樟木	*Easideroxylon* sp.	铁樟木
4	（重）斑纹漆	*Astronium* sp	斑纹漆	54	绿心樟	*Ocotea* sp.	绿心樟
5	山枣	*Choerospondias Axillaris*	山枣	55	檫木	*Sassafras* sp.	檫树
6	任嘎漆	*Gluta* sp. *Melanochyla* sp. *Melanrrhoea* sp.	任嘎漆	56	纤皮玉蕊	*Couratari* sp.	陶阿里
7	斯文漆	*Swintoonia* sp.	斯文漆	57	木莲	*Manglietia* sp.	黑杞木莲
8	盾籽木	*Aspidosperma* sp.	盾籽木	58	山道楝	*Sandorioum* sp.	山道楝
9	桦木	*Betula* sp.	桦木	59	米兰	*A. gigantea*	米仔兰
10	（重）蚁木	*Tabebuia* sp.	拉帕乔、伊贝	60	蟹木楝	*Carapa* sp.	蟹木楝
11	缅茄木	*Afzelia* sp.	缅茄木	61	卡雅楝	*Khaya* sp.	非洲桃花心木
12	铁苏木	*Apuleia* sp.	铁苏木	62	虎斑楝	*Lovoa* sp.	虎木
13	红苏木	*Baikiaea* sp.	红苏木	63	相思木	*Acacia* sp.	相思木
14	鞋木	*Berlinia* sp.	鞋木	64	硬合欢	*Albizia* sp.	大叶合欢
15	摘亚木	*Dialium* sp.	克然吉	65	阿那豆	*Anadenanthera* sp.	阿那豆
16	两蕊苏木	*Distemonanthus benthamianus*	两蕊苏木	66	圆盘豆	*Cylicodiscus* sp.	圆盘豆
17	格木	*Erythrophleum* sp.	塔里	67	异味豆	*Dinizia excelsa*	异味豆
18	古夷苏木	*Guibouitia* sp.	布宾加、凯娃津戈	68	硬象耳豆	*Enterolobium* sp.	硬象耳豆
19	孪叶苏木	*Hymenaea* sp.	贾托巴	69	腺瘤豆	*Piptaden-iastrum* sp.	达比马

续表 B.1

序号	木材名称	拉丁文	流通商用名	序号	木材名称	拉丁文	流通商用名
20	印茄木	*Intsia* sp.	菠萝格	70	木荚豆	*Xylia* sp.	品卡多
21	甘巴豆	*Koompassia* sp	康派斯	71	山核桃	*Carya* sp.	小胡桃
22	小鞋木豆	*Microberlinia* sp.	斑马木	72	乳桑木	*Bagassa* sp.	乳桑木
23	鳕苏木	*Mora* sp.	大鳕苏木	73	饱食桑	*Brosimum* sp.	饱食桑
24	赛鞋木豆	*Paraberlinia bifoliolata*	小斑马木	74	绿柄桑	*Chlorophora* sp.	绿柄桑
25	紫心苏木	*Peltogyne* sp.	紫心木	75	桉木	*Eucalyptus* sp.	桉木
26	硬瓣苏木	*Sclerolobium* sp.	硬瓣苏木	76	铁心木	*Metrosideros* sp.	铁心木
27	柯库木	*Kokoona* sp.	柯库木	77	红铁木	*Lophira* sp.	伊奇
28	榄仁	*Terminalia* sp.	榄仁	78	蒜果木	*Scorodocarpus bornessnsis*	蒜果木
29	异翅香	*Anisoptera* sp.	山桂花	79	硬檀	*Mussaendopsis* sp.	硬檀
30	龙脑香	*Dipterocarpus* sp.	克隆	80	白蜡木	*Fraxinus* sp.	水曲柳
31	冰片香	*Dryobalanops* sp.	山樟	81	樱桃木	*Prunus* sp.	樱桃木
32	娑罗双	*Shorea* sp.	巴劳	82	黄棉木	*Adina* sp.	黄棉木
33	条纹乌木	*Diospyros* sp.	条纹乌木	83	重黄胆木	*Nauclea* sp.	奥佩佩（巴蒂）
34	杂色豆	*Baphia* sp.	杂色豆	84	巴福芸香	*Balfourodendron riedelianum.*	巴福芸香
35	鲍迪豆	*Bowdichia* sp.	鲍迪豆	85	天料木	*Homalium* sp.	马拉斯
36	二翅豆	*Dipteryx* sp.	二翅豆	86	番龙眼	*Pometia* sp.	唐木
37	崖豆木	*Millettia* sp.	鸡翅木	87	油无患子	*Schleichera trijuga.*	油无患子
38	香脂木豆	*Myroxylon* sp.	香脂木豆	88	甘比山榄	*Gambeya* sp.	甘比山榄
39	美木豆	*P.elata*	美木豆	89	比蒂山榄	*Madhuca* sp.	比蒂斯
40	大果紫檀	*Pterocarpus* sp.	花梨木	90	铁线子	*Manilkara* sp.	铁线子
41	亚花梨	*Pterocarpus* sp.	安哥拉紫檀、非洲紫檀	91	黄山榄	*Planchonella* sp.	黄山榄
42	刺槐	*Robinia pseudoacaria*	洋槐	92	猴子果	*Tieghemella* sp.	马可热
43	槐木	*Sophora* sp.	国槐	93	四籽木	*Tetramerista* sp.	普纳克

续表 B.1

序号	木材名称	拉丁文	流通商用名	序号	木材名称	拉丁文	流通商用名
44	铁木豆	*Swartzia* sp.	铁木豆	94	荷木	*Schima* sp.	木荷
45	栗木	*Castanea* sp.	甜栗、板栗树	95	榆木	*Ulmus* sp.	青榆、黄榆
46	水青冈	*Fagus* sp.	山毛榉	96	朴木	*Cltis sp*	沙朴
47	栎木	*Quercus* sp.	橡木	97	柚木	*Tectona grandis*	柚木
48	毛药木	*Goupia* sp.	圭巴卫矛	98	牡荆	*Vitex* sp.	牡荆
49	海棠木	*Calophyllum* sp.	冰糖果	99	夸雷木	*Qualea* sp.	夸雷木
50	香茶茱萸	*Cantleya corniculata*	德达茹	100	维腊木	*Bulnesia* sp.	维腊木

附录4　实木复合地板（GB/T 18103—2013）

1　范围

本标准规定了实木复合地板的术语和定义、分类、要求、检验方法、检验规则以及标志、包装、运输和贮存。

本标准适用于以实木拼板或单板（含重组装饰单板）为面板，以实木拼板、单板或胶合板为芯层或底层，经不同组合层压加工而成的地板。本标准适用于室内一般要求用实木复合地板。

2　规范性引用文件

下列文件对于本文件的应用是必不可少的。凡是注日期的引用文件，仅注日期的版本适用于本文件。凡是不注日期的引用文件，其最新版本（包括所有修改单）适用于本文件。

GB/T 2828.1—2012 计数抽样检验程序 第1部分：按接收质量限（AQL）检索的逐批检验抽样计划

GB/T 4823—1995 锯材缺陷

GB/T 4893.4—1985 家具表面漆膜附着力交叉切割测定法

GB/T 6739—2006 色漆和清漆 铅笔法测定漆膜硬度

GB/T 15036.2—2009 实木地板 第2部分：检验方法

GB/T 17657—1999 人造板及饰面人造板理化性能试验方法

GB 18580 室内装饰装修材料 人造板及其制品中甲醛释放限量

LY/T 1654—2006 重组装饰单板

LY/T 1738 实木复合地板用胶合板

3　术语和定义

GB/T 4823—1995 界定的以及下列术语和定义适用于本文件。为了便于使用，以下重复列出了 GB/T 4823—1995 中的某些术语和定义。

3.1　实木复合地板 engineered wood flooring

以实木拼板或单板（含重组装饰单板）为面板，以实木拼板、单板或胶合板为芯层或底层，经不同组合层压加工而成的地板。以面板树种来确定地板树种名称（面板为不同树种的拼花地板除外）。

3.2 两层实木复合地板 two-layer engineered wood flooring

以实木拼板或单板为面板，以实木拼板或单板为底层的两层结构实木复合地板。

3.3 三层实木复合地板 three-layer engineered wood flooring

以实木拼板或单板为面板，以实木拼板为芯层，以单板为底层的三层结构实木复合地板。

3.4 多层实木复合地板 multi-layer engineered wood flooring

以实木拼板或单板为面板，以胶合板为基材制成的实木复合地板。

3.5 腐朽 decay

由于腐朽菌的侵入，逐渐改变木材颜色和细胞结构，使木材组织细胞受到不同程度的破坏，从而导致木材物理、力学性能明显的改变。最后使木材松软易碎，呈筛孔状、纤维状、裂块状和粉末状等。

注：改写 GB/T 4823—1995，定义 3.3。

3.6 虫孔 bore hole

昆虫或海生钻孔动物蛀蚀木材的孔道。

［GB/T 4823—1995，定义 3.4］

3.7 真菌变色 fungus stain

木材因真菌侵蚀而引起的变色。

［GB/T 4823—1995，定义 3.2.2］

3.8 污染 staining

受其他物质影响，造成的部分表面颜色与本色不同。

3.9 拼接离缝 gap

相邻木块或单板之间的拼接缝隙。

3.10 波纹 cutted and chatter mark

切削或砂磨时在加工表面上留下的形状和大小相近且有规律的波状痕迹。

3.11 漏漆 exposed undercoat

局部没有漆膜。

3.12 漆膜鼓泡 blister

漆膜表面鼓起的大小不一的气泡。

3.13 针孔 pin holes

漆膜干燥过程中收缩产生的小孔。

3.14　皱皮 wrinkling

因漆膜收缩而造成的表面发皱现象。

3.15　粒子 nib

漆膜表面黏附的颗粒状杂物。

3.16　表面耐磨 abrasion resistance

实木复合地板表面漆膜抗磨损能力的指标,以黏附砂布的研磨轮与漆膜表面相对摩擦一定转数后的漆膜磨失量来表示。

3.17　面层净尺寸 size of the surface layer

不包括槽舌的实木复合地板面层的长和宽。

4　分类

4.1　按面板材料分为:

——天然整张单板为面板的实木复合地板;

——天然拼接(含拼花)单板为面板的实木复合地板;

——重组装饰单板为面板的实木复合地板;

——调色单板为面板的实木复合地板。

4.2　按结构分为:

——两层实木复合地板;

——三层实木复合地板;

——多层实木复合地板。

4.3　按涂饰方式分为:

——油饰面实木复合地板;

——油漆饰面实木复合地板;

——未涂饰实木复合地板。

5　要求

5.1　分等

根据产品的外观质量分为优等品、一等品和合格品。

5.2　材料要求

5.2.1　面板

5.2.1.1　面板树种:有栎木、核桃木、樱桃木、水曲柳、桦木、槭木、楸木、柚木、筒状非洲楝等常用树种。拼花地板的面板允许使用不同树种。

5.2.1.2 面板厚度:两层实木复合地板和三层实木复合地板的面板厚度应不小于2 mm;多层实木复合地板的面板厚度通常应不小于0.6 mm,也可根据买卖双方约定生产。

5.2.2 三层实木复合地板芯层

5.2.2.1 同一批地板芯层木材的树种应一致或材性相近。

5.2.2.2 芯层板条之间的缝隙应不大于5 mm。

5.2.3 实木复合地板用胶合板

实木复合地板用胶合板应符合LY/T 1738的规定。

5.3 外观质量

5.3.1 实木复合地板的正面和背面的外观质量应符合表1要求。

5.3.2 拼花实木复合地板的外观质量应符合表1要求,且面板拼接单元的边角不允许破损。

5.3.3 重组装饰单板为面板的实木复合地板的正面外观质量应符合LY/T 1654—2006中5.1的规定,其他外观质量应符合表1要求。

5.3.4 调色单板为面板的实木复合地板的外观质量应符合表1要求,且面板色差不明显。

表1 实木复合地板的外观质量要求

名称	项目	正面			背面
		优等品	一等品	合格品	
死节	最大单个长径/mm	不允许	2	面板厚度小于2 mm：4 面板厚度不小于2 mm：10 应修补,且任意两个死节之间距离不小于50 mm	50,应修补
孔洞(含蛀孔)	最大单个长径/mm	不允许		2,应修补	25,应修补
浅色夹皮	最大单个长度/mm	不允许	20	30	不限
	最大单个宽度/mm		2	4	
深色夹皮	最大单个长度/mm	不允许		15	不限
	最大单个宽度/mm			2	
树脂囊和树脂(胶)道	最大单个长度/mm	不允许		5,且最大单个宽度小于1	不限

续表1

名称	项目	正面			背面
		优等品	一等品	合格品	
腐朽	—	不允许			a
真菌变色	不超过板面积的百分比/%	不允许	5,版面色泽要协调	20,版面色泽要大致协调	不限
裂缝	—	不允许			不限
拼接离缝	最大单个宽度/mm	0.1	0.2	0.5	
	最大单个长度不超过相应边长的百分比/%	5	10	20	
面板叠层	—	不允许			—
鼓泡、分层	—	不允许			
凹陷、压痕、鼓包	—	不允许	不明显	不明显	不限
补条、补片	—	不允许			不限
毛刺沟痕	—	不允许			不限
透胶、板面污染	不超过板面积的百分比/%	不允许		1	不限
砂透	不超过板面积的百分比/%	不允许			10
波纹	—	不允许		不明显	—
刀痕、划痕	—	不允许			不限
边、角缺损	—	不允许			b
榫舌缺损	不超过板长的百分比/%	不允许	15		
漆膜鼓泡	最大单个直径不大于0.5 mm	不允许	每块板不超过3个		—
针孔	最大单个直径不大于0.5 mm	不允许	每块板不超过3个		—
皱皮	不超过板面积的百分比/%	不允许		5	—
粒子	—	不允许		不明显	—
漏漆	—	不允许			

注1:在自然光或光照度300 lx～600 lx范围内的近似自然光(例如40 W日光灯)下,视距为700 mm～1 000 mm内,目测不能清晰地观察到的缺陷即为不明显。

注2:未涂饰或油饰面实木复合地板不检查地板表面油漆指标。

a 允许有初腐。

b 长边缺损不超过板长的30%,且宽不超过5 mm,厚度不超过板厚的1/3;短边缺损不超过板宽的20%,且宽不超过5 mm,厚度不超过板厚的1/3。

5.4 规格尺寸及其偏差

5.4.1 规格尺寸

实木复合地板的规格尺寸如下：

a）长度：300 mm～2 200 mm；

b）宽度：60 mm～220 mm；

c）厚度：8 mm～22 mm。

经供需双方协议可生产其他幅面尺寸的产品。

5.4.2 尺寸偏差

尺寸偏差应符合表2。

表2　尺寸偏差要求

项目	要求
厚度偏差	公称厚度 t_n 与平均厚度 t_a 之差绝对值不大于 0.5 mm 厚度最大值 t_{max} 与最小值 t_{min} 之差不大于 0.5 mm
面层净长偏差	公称长度 $l_n \leqslant 1\,500$ mm 时，l_n 与每个测量值 l_m 之差绝对值不大于 1 mm 公称长度 $l_n > 1\,500$ mm 时，l_n 与每个测量值 l_m 之差绝对值不大于 2 mm
面层净宽偏差	公称宽度 w_n 与平均宽度 w_a 之差绝对值不大于 0.2 mm 宽度最大值 w_{max} 与最小值 w_{min} 之差不大于 0.3 mm
直角度	$q_{max} \leqslant 0.2$ mm
边缘直度	$\leqslant 0.3$ mm/m
翘曲度	宽度方向翘曲度 $f_w \leqslant 0.20\%$，长度方向翘曲度 $f_l \leqslant 1.00\%$
拼装离缝	拼装离缝平均值 $o_a \leqslant 0.15$ mm，拼装离缝最大值 $o_{max} \leqslant 0.20$ mm
拼装高度差	拼装高度差平均值 $h_a \leqslant 0.10$ mm，拼装高度差最大值 $h_{max} \leqslant 0.15$ mm

5.5 理化性能

理化性能应符合表3。

表3　理化性能要求

检验项目	单位	要求
浸渍剥离	—	任一边的任一胶层开胶的累计长度不超过该胶层长度的1/3， 6块试件中有5块试件合格即为合格
静曲强度	MPa	$\geqslant 30$
弹性模量	MPa	$\geqslant 4\,000$
含水率	%	5～14

续表 3

检验项目	单位	要求
漆膜附着力	—	割痕交叉处允许有漆膜剥落,漆膜沿割痕允许有少量断续剥落
表面耐磨	g/100r	≤0.15,且漆膜未磨透
漆膜硬度	—	≥2H
表面耐污染	—	无污染痕迹
甲醛释放量	—	应符合 GB 18580 的要求

注 1:未涂饰实木复合地板和油饰面实木复合地板不测漆膜附着力、表面耐磨、漆膜硬度和表面耐污染。

注 2:当使用悬浮式铺装时,面板与底层纹理垂直的两层实木复合地板和背面开横向槽的实木符合地板不测静曲强度的弹性模量。

6　检验方法

6.1　外观质量

6.1.1　检量工具

6.1.1.1　6 倍读数放大镜。

6.1.1.2　钢板尺,分度值为 0.5 mm

6.1.2　检量方法

6.1.2.1　采用目测和检量工具对地板表面的外观质量要求进行逐项检量。

6.1.2.2　采用目测时,应在自然光或光照度 300 lx～600 lx 范围内的近似自然光(例如 40 W 日光灯)下,视距为 700 mm～1 000 mm 内。

6.1.2.3　对地板进行逐块检验,按 5.3 的规定判定其等级。存在争议时,由三人共同检验,以多数相同结论为检验结果。

6.2　规格尺寸和偏差

6.2.1　计量器具

6.2.1.1　钢卷尺,长度 3 m,分度值为 1.0 mm。

6.2.1.2　钢板尺,分度值为 0.5 mm。

6.2.1.3　千分尺,分度值为 0.01 mm。

6.2.1.4　游标卡尺,分度值为 0.02 mm。

6.2.1.5　塞尺,分度值为 0.02 mm。

6.2.1.6　直角尺,精度等级 2 级。

6.2.2 检验方法和结果表示

6.2.2.1 长度(l)

地板的长度尺寸是指地板面层的净长度,长度(l)在地板宽度方向两边且距地板边 20 mm 处用钢卷尺测量,精确至 1.0 mm,见图 1。

图 1 长度(l)测量图 (单位:mm)

6.2.2.2 宽度(w)

地板的宽度尺寸是指地板面层的净宽度,宽度(w)在地板长度方向两边且距地板边 20 mm 以及地板长边中心处用游标卡尺测量,精确至 0.02 mm,见图 2。

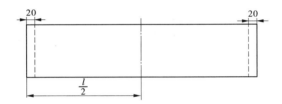

图 2 宽度(w)测量图 (单位:mm)

6.2.2.3 厚度(t)

厚度(t)在地板的四角及地板长边中点且距地板边部 20 mm 处用千分尺测量,精确至 0.01 mm,见图 3。

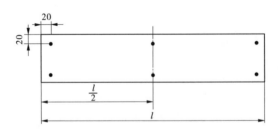

图 3 厚度(t)测量图 (单位:mm)

6.2.2.4 直角度(q)

直角尺的一边紧靠地板的长边,用塞尺测量直角另一边与地板端头的最大距离 q_{max},精确至 0.02 mm,见图 4。

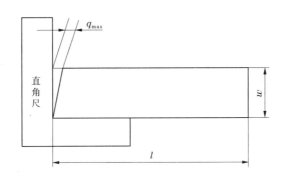

图 4　直角度 (q) 测量图　（单位：mm）

6.2.2.5　边缘直度

将地板放置在水平试验台面上，沿地板长度方向，将钢板尺或细钢丝绳紧靠地板相邻的两角，用塞尺测板边与钢板尺或细钢丝绳之间最大弦高 S_{max}，精确至 0.02 mm，见图 5。最大弦高与地板实测长度之比即为边缘直度，精确至 0.01 mm/m。

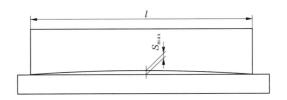

图 5　边缘直度测量图

6.2.2.6　翘曲度 (f)

将地板凹面向上放置在水平试验台面上，将钢板尺紧靠地板两长边，用塞尺量取最大弦高 (C_{max})，精确至 0.02 mm。最大弦高 (C_{max}) 与实测宽度 (w) 之比即为宽度方向翘曲度 f_w，以百分数表示，精确至 0.01%，测量位置为长边任意对应部位，见图 6。将地板沿长度方向侧立放置在水平试验台上，将钢板尺或细钢丝绳紧靠地板两端，用塞尺量取最大弦高 (h_{max})，精确至 0.02 mm，最大弦高 (h_{max}) 与实测长度 (l) 之比即为长度方向翘曲度 f_l，以百分数表示，精确至 0.01%，测量位置为端边任意对应部位，见图 7。

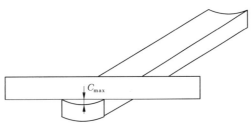

图 6　宽度方向翘曲度 (f_w) 测量图

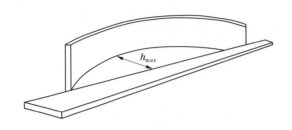

图7　长度方向翘曲度(f_1)测量图

6.2.2.7　拼装离缝和拼装高度差

将 10 块地板按图 8 所示紧密拼装放置于平整的水平试验台上,用塞尺测量图 8 所示 18 个点的拼装缝隙和高度差,精确至 0.02 mm。分别计算平均值,精确至 0.01 mm。

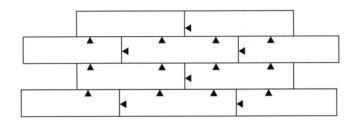

图8　拼装离缝和拼装高度差测量图

6.3　理化性能

6.3.1　试样和试件的制取及尺寸、数量规定

6.3.1.1　样本及试样应在生产后存放 24 h 以上的产品中抽取。

6.3.1.2　在样本中随机抽取 2 块试样。试件的制取位置、尺寸规格及数量应符合图 9 和表 4 的要求。试件锯制时,应避开缺陷。如地板尺寸偏小,无法满足试件尺寸和数量的要求,可继续随机从样本中抽取,直至能锯制出所要求的全部试件为止。

6.3.1.3　试件的边角应平直,无崩边。试件长度和宽度允许偏差为 ±0.5 mm。

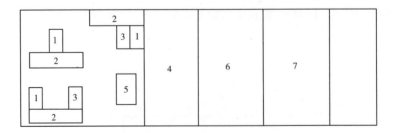

图9　在去除榫槽后的试样上制取部分理化性能试件示意图

表4　理化性能测试试件尺寸及数量

检验项目	试件尺寸(长×宽)/mm	试件数量/块	编号
浸渍剥离	75.0×75.0	6	1
静曲强度	250.0×50.0	6	2
弹性模量	250.0×50.0	6	2
含水率	75.0×75.0	4	3
漆膜附着力	250.0×板宽	1	4
表面耐磨	100.0×100.0	1	5
表面耐污染	300.0×板宽	1	6
漆膜硬度	300.0×板宽	1	7
甲醛释放量	按GB 18580中相应的规定,在剩余试样任意部位制取		

6.3.2　浸渍剥离

6.3.2.1　原理

确定试件经浸渍、干燥后,胶层是否发生剥离及剥离的程度。

6.3.2.2　仪器和量具

a)恒温水浴槽,温度可调节范围为30 ℃~100 ℃,精度为±3 ℃;

b)空气对流干燥箱,温度可调节至63 ℃±3 ℃;

c)钢板尺,分度值为0.5 mm。

6.3.2.3　试验方法

将试件放置在70 ℃±3 ℃的热水中浸渍2 h,取出后置于60 ℃±3 ℃的干燥箱中干燥3 h。浸渍试件时应将试件全部浸没在水中。

6.3.2.4　试验结果的计算和表示

a)仔细观察试件胶层有无剥离和分层现象;

b)用钢板尺分别测量试件每边各个胶层剥离部分的长度,若任一胶层剥离部分分为几段则应累计相加(每段3 mm以下不计),精确至1 mm;

c)在测量中,由木材缺陷如开裂、节子等引起的剥离部分不视为剥离。

6.3.3　含水率

6.3.3.1　实木复合地板含水率的测定按GB/T 17657—1999中4.3进行,测试四个试件。

6.3.3.2　被测试样的含水率为四个试件含水率的算术平均值,精确至0.1%。

6.3.4 静曲强度和弹性模量

6.3.4.1 实木复合地板静曲强度和弹性模量的测定按 GB/T 17657—1999 中 4.9 规定进行,跨距为 200 mm,测试六个试件。

6.3.4.2 被测试样的静曲强度为六个试件静曲强度的算术平均值,精确至 0.1 MPa。

6.3.4.3 找出六个试件静曲强度的最小值。

6.3.4.4 被测试样的弹性模量为六个试件弹性模量的算术平均值,精确至 10 MPa。

6.3.5 漆膜附着力

6.3.5.1 试件的试验区域:在试件上取三个试验区域,其中两端试验区按图示尺寸选取,中间试验区居中选取,如图 10 所示。

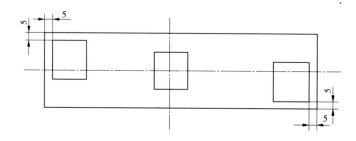

图 10 漆膜附着力试件试验区域图 (单位:mm)

6.3.5.2 试验仪器、方法和结果表示按 GB/T 4893.4—1985 中第 1 章、第 3 章、第 4 章、第 5 章的规定进行。

6.3.6 漆膜硬度

试验原理、仪器、操作步骤和结果评定按 GB/T 6739—2006 中第 4 章、第 6 章、第 9 章的规定进行。

6.3.7 表面耐磨性能

按 GB/T 15036.2—2009 中 3.3.2.2 的规定进行。

6.3.8 表面耐污染

按 GB/T 17657—1999 中 4.37 中方法 2 的规定进行。

6.3.9 甲醛释放量

按 GB 18580 中的规定进行。

7 检验规则

7.1 检验分类

7.1.1 产品检验分出厂检验和型式检验。

7.1.2 出厂检验项目包括:

a）外观质量；

b）规格尺寸；

c）理化性能中的含水率、浸渍剥离和甲醛释放量。

7.1.3　型式检验包括全部检验项目。

7.1.4　正常生产时，每年型式检验不少于一次，有下列情况之一时，应进行型式检验：

a）当原辅材料及生产发生较大变化时；

b）长期停产，恢复生产时；

c）质量监督部门提出型式检验要求时。

7.2　抽样和判定方法

7.2.1　基本要求

实木复合地板的产品质量检验，应在同一批次、同一规格、同一类产品中按规定抽取试样，并对所抽取试样逐一检验，试样均按块计数。

7.2.2　外观质量

7.2.2.1　采用 GB/T 2828.1—2012 的一般检验水平 Ⅱ、接收质量限（AQL）为 4.0 的正常检验二次抽样，抽样方案见表 5。

表 5　外观质量检验抽样方案　　　　　　　　　　　　　　　（单位：块）

批量范围	样本	样本量	累计样本量	接收数	拒绝数
≤25	第一	3	3	0	1
25~90	第一	8	8	0	2
	第二	8	16	1	2
91~150	第一	13	13	0	3
	第二	13	26	3	4
151~280	第一	20	20	1	3
	第二	20	40	4	5
281~500	第一	32	32	2	5
	第二	32	64	6	7
501~1 200	第一	50	50	3	6
	第二	50	100	9	10
1 201~3 200	第一	80	80	5	9
	第二	80	160	12	13
3201~10 000	第一	125	125	7	11
	第二	125	250	18	19

注：超过 10 000 块按另批处理。

7.2.2.2 在一块地板上,同时存在多种缺陷时,按影响产品等级最大的缺陷来判定。

7.2.3 规格尺寸

7.2.3.1 长度、宽度、厚度、厚度偏差、面层净长偏差、面层净宽偏差、直角度、边缘直度和翘曲度的检验采用 GB/T 2828.1—2012 的一般检验水平 I、接收质量限(AQL)为 4.0 的正常检验二次抽样,抽样方案见表 6。

表 6　规格尺寸抽样方案　　　　　　　　　(单位:块)

批量范围	样本	样本量	累计样本量	接收数	拒收数
≤90	第一	3	3	0	1
91~280	第一	8	8	0	2
	第二	8	16	1	2
281~500	第一	13	13	0	3
	第二	13	26	3	4
501~1 200	第一	20	20	1	3
	第二	20	40	4	5
1 201~3 200	第一	32	32	2	5
	第二	32	64	6	7
3 201~10 000	第一	50	50	3	6
	第二	50	100	9	10

注:超过 1 0000 块按另批处理。

7.2.3.2 拼装离缝和拼装高度差要求如下:

　　a)检验的样本数为 10 块,在检验的样本中随机抽取。

　　b)检验采用一次抽样方案,如测量值达到标准要求判为合格,否则判为不合格。

7.2.4 理化性能

7.2.4.1 抽样方案

　　理化性能检验的抽样方案见表 7,在初检和复检试样中,任意 2 块地板组成一组。任一组初检样本检验结果中某项指标不合格时,允许进行复检一次,在同批产品中加倍抽取样品对不合格项进行复检,复检后全部合格,判为合格;若有一项不合格,判为不合格。

表 7　理化性能检验的抽样方案　　　　　　　(单位:块)

提交检查批的成品数量	初检抽样数	复检抽样数
≤1 000	2	4
≥1 001	4	8

注:如样品规格偏小,按以上方案抽取的样品不能满足检验要求时,可适当增加抽样数量。

7.2.4.2　检验结果的判断

7.2.4.2.1　地板试样的含水率、弹性模量平均值满足标准规定要求,该地板试样的含水率、弹性模量判为合格,否则判为不合格。

7.2.4.2.2　地板试样的静曲强度的平均值满足标准规定要求,且最小值不小于标准规定值的80%,该地板试样的静曲强度判为合格,否则判为不合格。

7.2.4.2.3　地板试样的浸渍剥离、漆膜附着力、表面耐磨、表面耐污染、漆膜硬度、甲醛释放量均达到标准规定要求,该地板试样的上述性能判为合格,否则判为不合格。

7.2.4.2.4　当地板试样的各项理化性能检验均合格时,该批产品理化性能判为合格,否则判为不合格。

7.3　综合判断

样本外观质量、规格尺寸和理化性能检验结果全部达到相应等级要求时判为该批产品合格,否则该批产品不合格。

7.4　检验报告

检验报告内容应包括:

a) 被检产品的名称、类别、等级、检验依据的标准、检验类别和检验项目等;

b) 检验结果及其结论;

c) 检验过程中出现的各种异常情况以及有必要说明的问题。

8　标志、包装、运输和贮存

8.1　标志

8.1.1　产品标志

产品入库前,应在产品适当部位标记产品的可追溯性信息。

8.1.2　包装标签

包装标签上应有生产厂家名称、地址、联系方式、产品名称、执行标准编号、生产日期、面板树种(面板为拼花及重组装饰单板的实木复合地板除外)、面板厚度、数量、等级等。

8.2　包装

产品出厂时应按产品类别、规格、等级分别包装。包装内应有产品合格证。包装要做到产品免受磕碰、划伤和污损。包装要求亦可由供需双方商定。

8.3　运输和贮存

产品在运输和贮存过程中应平整堆放,防止污损,不得受潮、雨淋和曝晒。

贮存时应按类别、规格、等级分别堆放,每堆应有相应的标记。

附录5　浸渍纸层压木质地板(GB/T 18102—2007)

1　范围

本标准规定了浸渍纸层压木质地板的术语和定义、分类、要求、检验方法、检验规则以及标志、包装、运输和贮存等。

本标准适用于浸渍纸层压木质地板。

2　规范性引用文件

下列文件中的条款通过本标准的引用而成为本标准的条款。凡是注日期的引用文件,其随后所有的修改单(不包括勘误的内容)或修订版均不适用于本标准。然而,鼓励根据本标准达成协议的各方研究是否可使用这些文件的最新版本。凡是不注日期的引用文件,其最新版本适用于本标准。

GB/T 2828.1—2003/ISO 2859—1:1999 计数抽样检验程序 第1部分:按接收质量限(AQL)检索的逐批检验抽样计划(ISO 2859—1:1999,IDT)

GB/T 15102—2006 浸渍胶膜纸饰面人造板

GB/T 17657—1999 人造板及饰面人造板理化性能试验方法

GB 18580—2001 室内装饰装修材料 人造板及其制品中甲醛释放限量

JB/T 3889—1994 砂布

3　术语和定义

下列术语和定义适用于本标准。

3.1　浸渍纸层压木质地板 laminate flooring

以一层或多层专用纸浸渍热固性氨基树脂,铺装在刨花板、高密度纤维板等人造板基材表面,背面加平衡层、正面加耐磨层,经热压、成型的地板。商品名称为强化木地板。

3.2　干花 frosting mark

干花也叫白花,是产品表面存在的不透明白色花斑。

3.3　湿花 water mark

湿花也称水迹,是产品表面存在的雾状痕迹。

3.4　**污斑** spots,dirt and similar surface defects

原纸中的尘埃、印刷时出现的油墨迹,以及加工过程中杂物等造成的装饰缺陷。

3.5　**纸张撕裂** tearing of impregnated paper

由于胶膜纸部分折断而造成产品表面断裂痕迹。

3.6　**局部缺纸** bare substrate spots due to defective surface covering

由于胶膜纸破损造成基材显露的缺陷。

3.7　**透底** pervious spots of impregnated paper

由于装饰胶膜纸覆盖能力不够造成基材在板面上显现的缺陷。

3.8　**崩边** dents

产品在齐边等加工过程中造成装饰面板边锯齿状缺陷。

3.9　**鼓泡** blisters

产品表面内含气体引起的异常凸起。

3.10　**鼓包** inclusions

表面内含固体实物引起的异常凸起。

3.11　**分层** delamination

基材自身、胶膜纸自身或胶膜纸与基材之间的分离现象。

3.12　**光泽不均** gloss unevenness

产品表面反光现象所呈现的差异。

3.13　**龟裂** fissure

由于树脂在热压过程中固化过度或表面层与基材膨胀收缩不同而造成产品表面不规则的裂纹。

3.14　**表面耐磨** abrasion resistance

表示浸渍纸层压木质地板抗磨损能力指标,以将其磨损至装饰花纹出现破损点的转数表示。

3.15　**表面净尺寸** size of the surface layer

表示不包括舌的浸渍纸层压木质地板面层的长和宽。

3.16　**耐光色牢度** light fastness

产品表面的颜色对日光或人造光照射作用的抵抗力。

3.17　**颜色不匹配** color mismatching

某一图案的颜色与给定图案颜色视觉上不相同。

4 分类

4.1 按用途分

a) 商用级浸渍纸层压木质地板；

b) 家用Ⅰ级浸渍纸层压木质地板；

c) 家用Ⅱ级浸渍纸层压木质地板。

4.2 按地板基材分

a) 以刨花板为基材的浸渍纸层压木质地板；

b) 以高密度纤维板为基材的浸渍纸层压木质地板。

4.3 按装饰层分

a) 单层浸渍装饰纸层压木质地板；

b) 热固性树脂浸渍纸高压装饰层积板层压木质地板。

4.4 按表面的模压形状分

a) 浮雕浸渍纸层压木质地板；

b) 光面浸渍纸层压木质地板。

4.5 按表面耐磨等级分

a) 商用级,≥9 000转；

b) 家用Ⅰ级,≥6 000转；

c) 家用Ⅱ级,≥4 000转。

5 要求

5.1 分等

根据产品的外观质量、理化性能分为优等品和合格品。

5.2 规格尺寸及偏差

5.2.1 浸渍纸层压木质地板的幅面尺寸为(600～2 430)mm×(60～600)mm。

5.2.2 浸渍纸层压木质地板的厚度为6 mm～15 mm。

5.2.3 浸渍纸层压木质地板的榫舌宽度应≥3 mm。

5.2.4 经供需双方协议可以生产其他规格的浸渍纸层压木质地板。

5.2.5 浸渍纸层压木质地板的尺寸偏差应符合表1规定。

5.3 外观质量

各等级外观质量要求应符合表2规定。

表 1　浸渍纸层压木质地板尺寸偏差

项目	要求
厚度偏差	公称厚度 t_n 与平均厚度 t_a 之差绝对值 ≤0.5 mm； 厚度最大值 t_{max} 与最小值 t_{min} 之差 ≤0.5 mm
面层净长偏差	公称长度 l_n ≤1 500 mm 时，l_n 与每个测量值 l_m 之差绝对值 ≤1.0 mm 公称长度 l_n >1 500 mm 时，l_n 与每个测量值 l_m 之差绝对值 ≤2.0 mm
面层净宽偏差	公称宽度 w_n 与平均宽度 w_a 之差绝对值 ≤0.10 mm 宽度最大值 w_{max} 与最小值 w_{min} 之差 ≤0.20 mm
直角度	q_{max} ≤0.20 mm
边缘直度	s_{max} ≤0.30 mm/m
翘曲度	宽度方向凸翘曲度 f_{w1} ≤0.20%；宽度方向凹翘曲度 f_{w2} ≤0.15% 长度方向凸翘曲度 f_l ≤1.00%；长度方向凹翘曲度 f_l ≤0.50%
拼装离缝	拼装离缝平均值 o_a ≤0.15 mm 拼装离缝最大值 o_{max} ≤0.20 mm
拼装高度差	拼装高度差平均值 h_a ≤0.10 mm 高度差最大值 h_{max} ≤0.15 mm

注：表中要求是指拆包检验的质量要求。

表 2　浸渍纸层压木质地板各等级外观质量要求

缺陷名称	正面		背面
	优等品	合格品	
干、湿花	不允许	总面积不超过板面的3%	允许
表面划痕	不允许		不允许露出基材
表面压痕	不允许		
透底	不允许		
光泽不均	不允许	总面积不超过板面的3%	允许
污斑	不允许	≤10 mm², 允许1个/块	允许
鼓泡	不允许		≤10 mm², 允许1个/块
鼓包	不允许		≤10 mm², 允许1个/块
纸张撕裂	不允许		≤100 mm², 允许1处/块
局部缺纸	不允许		≤20 mm², 允许1处/块
崩边	允许，但不影响装饰效果		允许
颜色不匹配	明显的不允许		允许
表面龟裂	不允许		
分层	不允许		
榫舌及边角缺损	不允许		

5.4 理化性能

浸渍纸层压木质地板的理化性能应符合表3规定。

表3 浸渍纸层压木质地板尺寸偏差理化性能

项目	单位	指标值
静曲强度	MPa	≥35.0
内结合强度	MPa	≥1.0
含水率	%	3.0~10.0
密度	g/cm³	≥0.85
吸水厚度膨胀率	%	≤18
表面胶合强度	MPa	≥1.0
表面耐冷热循环	—	无龟裂、无鼓泡
表面耐划痕	—	4.0N 表面装饰花纹未划破
尺寸稳定性	mm	≤0.9
表面耐磨	转	商用级：≥9 000
		家用Ⅰ级：≥6 000
		家用Ⅱ级：≥4 000
表面耐干热	—	无龟裂、无鼓泡
污染腐蚀	—	无污染、无腐蚀
香烟灼烧	—	无黑斑、裂纹和鼓泡
表面耐龟裂	—	用6倍放大镜观察,表面无裂纹
甲醛释放量	mg/L	E₀级：≤0.5
		E₁级：≤1.5
抗冲击	mm	≤10
耐光色牢度	级	≥灰度卡4级

6 检验方法

6.1 规格尺寸检验方法

6.1.1 量具

6.1.1.1 钢卷尺,精度为1.0 mm。

6.1.1.2 钢板尺,精度为0.5 mm。

6.1.1.3 千分尺,精度为0.01 mm。

6.1.1.4 塞尺,精度为0.02 mm。

6.1.1.5 直角尺,精度为 0.02 mm/300 mm。

6.1.1.6 游标卡尺,精度为 0.02 mm。

6.1.2 检验方法和结果表示

6.1.2.1 长度尺寸检验(l)

地板的长度尺寸是指地板面层的净长度,长度(l)在地板宽度方向两边且距地板边 20 mm 处用钢卷尺测量,精确至 1.0 mm,见图 1。

图 1 长度(l)测量图 (单位:mm)

6.1.2.2 宽度尺寸检验(w)

地板的宽度尺寸是指地板面层的净宽度,宽度(w)在地板长度方向两边且距地板边 20 mm 以及地板长中心处用游标卡尺测量,精确至 0.02 mm,见图 2。

图 2 宽度(w)测量图 (单位:mm)

6.1.2.3 厚度尺寸检验(t)

厚度(t)在地板的四角及地板长边中点且距地板边部 20 mm 处用千分尺测量,精确至 0.01 mm,见图 3。

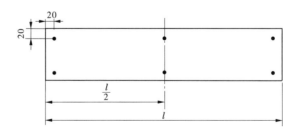

图 3 厚度(t)测量图

6.1.2.4 直角度(q)

直角尺的一边紧靠地板的长边,用塞尺测量直角尺另一边与地板端头的最大距离 q_{max},精确至 0.01 mm,见图 4。

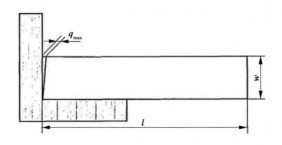

图 4 直角度(q)测量图

6.1.2.5 边缘直度(s)

沿地板长度方向,用 1 m 长钢板尺紧靠地板相邻的两角,用塞尺测板边与钢板尺之间最大弦高 s_{max},精确至 0.01 mm,见图 5。

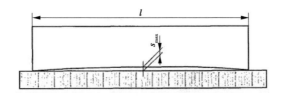

图 5 边缘直度(s)测量图

6.1.2.6 翘曲度(f)

6.1.2.6.1 宽度方向翘曲度

将地板凹面向上放置在水平试验台面上,用钢板尺紧靠地板两长边,用塞尺量取最大弦高,精确至 0.01 mm。最大弦高与实测宽度之比即为宽度方向翘曲度 f_w,以百分数表示,精确至 0.01%,测量位置为长边任意对应部位,见图 6。

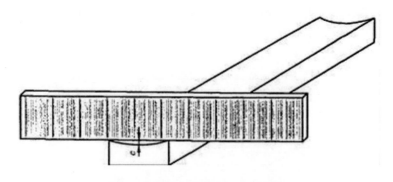

图 6 宽度方向翘曲度(f_w)测量图

6.1.2.6.2 长度方向翘曲度

将地板沿长度方向侧立放置在水平试验台上,并将两端紧靠钢板尺,用塞尺量取最大弦高,精确至 0.1 mm。最大弦高(h_{max})与实测长度之比即为长度方向翘曲度

f_1,以百分数表示,精确至 0.01%,测量位置为端边任意对应部位,见图 7。

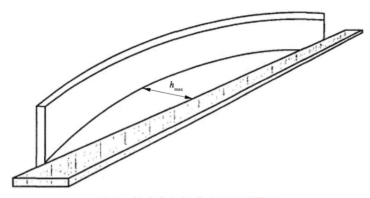

图 7　长度方向翘曲度(f_1)测量图

6.1.2.7　拼装离缝(o)和高度差(h)

将 10 块地板按图 8 所示紧密拼装放置于平整的水平试验台上,用塞尺测量图 8 所示 18 个点的拼装缝隙 o 和高度差 h,精确至 0.01 mm。分别计算平均值,精确至 0.01 mm。

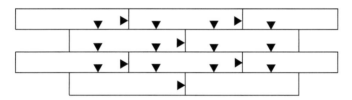

图 8　拼装离缝(o)和高度差(h)测量图

6.2　外观质量检验方法

按 GB/T 15102—2006 中 6.1 规定进行。

6.3　理化性能检验方法

6.3.1　试样和试件的制取及尺寸规定

6.3.1.1　样本及试样应在存放 24 h 以上的产品中抽取。

6.3.1.2　在样本中随机抽取三块作为试样。试件制取位置及尺寸规格、数量按图 9 和表 4 要求进行。

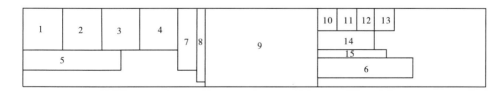

图 9　在去除榫槽后的试样上制取部分理化性能试件示意图

表4 浸渍纸层压木质地板理化性能试件

检验项目	试件尺寸(mm)	试件数量(块)	试件编号	试件分布	备注
密度	100.0×100.0	3	1	三块试样	—
含水率	100.0×100.0	3	2	三块试样	—
吸水厚度膨胀率	150×50	2	7,14	任意一块	沿长度和宽度方向各取一块
静曲强度	$(20h + 50.0) \times 50.0$	6	5,6	三块试样	—
内结合强度	50.0×50.0	6	10,12	三块试样	—
表面胶合强度	50.0×50.0	6	11,13	三块试样	—
表面耐划痕	100.0×100.0	3	3	三块试样	—
表面耐冷热循环	100.0×100.0	3	4	三块试样	—
表面耐磨	100.0×100.0	1	—	任意一块	—
表面耐香烟灼烧	100.0×100.0	1	—	任意一块	—
表面耐干热	180.0×180.0	1	—	任意一块	—
表面耐污染腐蚀	50.0×50.0	11	—	任意一块	—
表面耐龟裂	180.0×180.0	1	—	任意一块	—
尺寸稳定性	180.0×20.0	6	8,15	三块试样	沿长度和宽度方向各取一块
抗冲击	300.0×180.0	3	9	三块试样	—
甲醛释放量	300.0×150.0	1	—	任意一块	—
耐光色牢度	随设备而定	1	—	任意一块	—

注:1. 试件的边角应平直,无崩边。长、宽允许偏差为 ± 0.5 mm。

2. 在制作沿宽度方向的吸水厚度膨胀率试件时,如产品宽度 <150 mm,则试件长度为产品宽度。

3. 在制作表面耐干热、表面耐龟裂、抗冲击试件时,如产品宽度 <180 mm 时,按实际宽度制取。

4. 在制作尺寸稳定性试件时,如产品宽度 <180 mm,则只制取长度方向的试件。

5. 在制作甲醛释放量试件时,如产品宽度 <150 mm 时,可制取 450 cm^2 的试件。

6.3.2 密度检验

6.3.2.1 按 GB/T 17657—1999 中的 4.2 规定进行,测试三个试件。

6.3.2.2 被测试样的密度为三个试件密度的算术平均值,精确至 0.01 g/cm^3。

6.3.3 含水率检验

6.3.3.1 按 GB/T 17657—1999 中的 4.3 规定进行,测试三个试件。

6.3.3.2 被测试样的含水率为三个试件含水率的算术平均值,精确至0.1%。

6.3.4 吸水厚度膨胀率检验

6.3.4.1 原理

试件的吸水厚度膨胀率是试件吸水后厚度的增长量与吸水前厚度之比。

6.3.4.2 仪器

恒温水槽,温度调节范围:$(20 \pm 1)\,℃$

千分尺,精度 0.01 mm。

6.3.4.3 方法

6.3.4.3.1 测量试件如图 10 所示 6 个点的厚度 h_1。

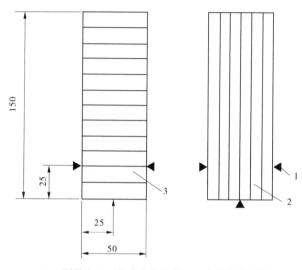

1—测量点;2—长度方向试件;3—宽度方向试件

图 10 吸水厚度膨胀率测量点示意图

6.3.4.3.2 将试件浸于温度为$(20 \pm 1)\,℃$的蒸馏水水槽中,试件垂直于水平面如图 11 中,15 试件下表面与水槽底部要有一定距离,试件之间要有一定间隙,使其可自由膨胀,所示放置在水槽浸泡时间 24 h $\pm$ 15 min,完成浸泡后,取出试件,擦去表面附水,在原测量点测其厚度 h_2。测量工作必须在 30 min 内完成。

6.3.4.4 结果表示

每一试件的吸水厚度膨胀率以百分数表示,并按式(1)计算,精确至 0.1%。

$$D = \frac{h_2 - h_1}{h_1} \times 100 \qquad (1)$$

式中 D——吸水厚度膨胀率,%;

　　　h_1——浸水前试件厚度,mm;

　　　h_2——浸水后试件厚度,mm。

计算试件六个测量点的吸水厚度膨胀率的算术平均值,精确至 0.1%。

6.3.5 静曲强度检验

6.3.5.1 按 GB/T 17657—1999 中的 4.9 规定进行,测试六个试件。

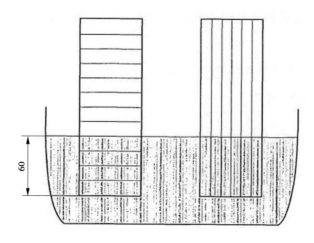

图 11　吸水厚度膨胀率试件浸泡示意图

6.3.5.2　被测试样的静曲强度为六个试件静曲强度的算术平均值,精确至 0.1 MPa。

6.3.5.3　找出六个试件中静曲强度的最小值。

6.3.6　内结合强度检验

6.3.6.1　按 GB/T 17657—1999 中的 4.8 规定进行,测试六个试件。

6.3.6.2　被测试样的内结合强度为六个试件内结合强度的算术平均值,精确至 0.01 MPa。

6.3.6.3　找出六个试件中内结合强度的最小值。

6.3.7　表面胶合强度检验

6.3.7.1　按 GB/T 15102—2006 中的 6.3.8 规定进行,测试六个试件。

6.3.7.2　被测试样的表面胶合强度为六个试件表面胶合强度的算术平均值,精确至 0.01 MPa。

6.3.7.3　找出六个试件中表面胶合强度的最小值。

6.3.8　表面耐划痕性能检验

6.3.8.1　原理

表面耐划痕性能是检测本产品表面抵抗一定力作用下的金刚石针刻划的能力。

6.3.8.2　仪器

按 GB/T 17657—1999 中的 4.29.2 的规定。

6.3.8.3　方法

擦净试件表面,将被测面向上固定在划痕试验载物台上。调节横梁高度,使金刚石针尖部接触到试件表面时,横梁上边缘处于水平位置。将砝码移至 4.0N 载荷的位置上起动载物台旋转一周。取下试件,观察试件被划部位的情况。

6.3.8.4　结果表示

在自然光下,距试件表面约 40 cm 处,用肉眼从任意角度观察每一试件表面装饰花纹有无划破现象。

6.3.9　表面耐冷热循环性能检验

按 GB/T 17657—1999 中 4.31 规定进行,测试三个试件。

6.3.10　尺寸稳定性检验

6.3.10.1　原理

尺寸稳定性是检测产品在 23 ℃时不同湿度条件下处理平衡后的尺寸变化情况。

6.3.10.2　仪器和工具

调温调湿箱,可控温度 23 ℃ ±2 ℃,相对湿度为 30% ±3% 和 90% ±3%。

游标卡尺,量程 250 mm,精度 0.02 mm。

6.3.10.3　试件

按 6.3.1 规定进行制取。

6.3.10.4　试验步骤

在每个试件上画出平行于长度方向的中心线。

将所有试件放入温度为 23 ℃ ±2 ℃、相对湿度为 30% ±3% 的调温调湿箱中处理至平衡,测量原中心线长度,精确至 0.02 mm。

再将所有试件放入温度为 23 ℃ ±2 ℃、相对湿度为 90% ±2% 的调温调湿箱中处理至平衡,测量原中心线长度,精确至 0.02 mm。

注:相隔 24 h 的二次测量差不超过 0.05 mm 时,可视为平衡。

6.3.10.5　结果计算与表示

每个试件的尺寸变化按式(2)计算,精确至 0.02 mm。

$$\Delta L = L_2 - L_1 \qquad\qquad (2)$$

式中　ΔL——试件的尺寸变化,mm;

　　　L_2——试件在相对湿度为 90% 条件下平衡后的长度,mm;

　　　L_1——试件在相对湿度为 30% 条件下平衡后的长度,mm。

地板的尺寸变化用六块试件的尺寸变化的算术平均值表示,精确至 0.02 mm。

6.3.11　表面耐磨性能检验

6.3.11.1　原理

由一对黏附砂布的研磨轮与旋转着的试件摩擦,产生一定磨损时的转数。

6.3.11.2　仪器和材料

6.3.11.2.1 Taber 型耐磨仪按 GB/T 17657—1999 中 4.38.2.1 规定执行。

6.3.11.2.2 恒温恒湿箱,温度范围 10 ℃ ~ 80 ℃,相对湿度范围 30% ~ 98%。

6.3.11.2.3 P180 粒度的砂布,符合 JB/T 3889—1994 的规定。

6.3.11.2.4 双面胶带或胶水。

6.3.11.2.5 脱脂纱布。

6.3.11.2.6 标准锌板,型号为 TaberS – 34。

6.3.11.3 砂布校准步骤

6.3.11.3.1 将砂布置于相对湿度为 50% ±5%、温度为 23 ℃ ±2 ℃ 的环境中处理 24 h。

6.3.11.3.2 将标准锌板安装在磨耗试验机上,开启吸尘装置,并将粘好砂布的研磨轮安装在支架上施加 4.9 N ± 0.2 N 外力条件下进行磨耗,磨 500 转后,擦净标准锌板并称量,精确至 1 mg;更换砂布,再磨 500 转,擦净后称量,精确至 1 mg;标准锌板总的质量损失应在 110 mg ± 15 mg 范围内。如果质量损失超出该范围,则该砂布不能使用。标准锌板单面使用次数不得超过 10 次。

6.3.11.4 试验步骤

将砂布置于相对湿度为 50% ±5%、温度为 23 ℃ ±2 ℃ 的环境中处理 24 h。

用脱脂纱布将试件表面擦净,并将其等分为四个象限。

将试件装饰面向上安装在磨耗试验机上,并将研磨轮安装在支架上,施加 4.9 N ±0.2 N 外力条件下进行磨耗,研磨轮每磨耗 500 转更换一次。

6.3.11.5 结果表示

记录试件在三个象限的装饰花纹都出现破损且破损面积均不少于 0.6 mm^2 时的磨耗转数,精确至 100 转。

6.3.12 表面耐香烟灼烧性能检验

按 GB/T 17657—1999 中的 4.40 规定进行试验。

6.3.13 表面耐干热性能检验

按 GB/T 17657—1999 中的 4.42 规定进行试验。

6.3.14 表面耐污染腐蚀性能检验

按 GB/T 17657—1999 中的 4.37 规定进行试验。

6.3.15 表面耐龟裂性能检验

按 GB/T 17657—1999 中的 4.30 条规定进行试验。

6.3.16　抗冲击性能检验

6.3.16.1　原理

以球体冲击试件表面,测定产品耐冲击性能。

6.3.16.2　检验仪器及工具

落球冲击试验机。

钢球,直径为 42.8 mm ± 0.2 mm,质量约 324.0 g ± 5.0 g,球面应光滑,无凹伤、锈斑等缺陷。

垫层,选用泡沫聚乙烯,幅面为 300 mm × 300 mm,厚度 2.5 mm ± 0.2 mm,面密度 75 g/m²。

6.3.16.3　试验步骤

将垫层置于水平、光滑地面。

将试件装饰面向上,置于垫层上,并将一蓝色复印纸置于试件装饰面上。

使钢球从 1.75 m 高度自由落下,冲击试件表面(防止钢球在试件表面反复跳动),每个试件只做一次试验,钢球落点应在距试件中心点 2.5 mm 范围。

6.3.16.4　结果表示

用游标卡尺测量凹坑的直径,精确至 0.1 mm。

6.3.17　甲醛释放量检验

按 GB 18580 中的规定进行,测试时将试件的四周、背面用不含甲醛的铝胶带密封。

6.3.18　耐光色牢度

6.3.18.1　试验方法

按 GB/T 15102—2006 中的 6.3.19 规定进行。

6.3.18.2　结果表示

耐光色牢度以大于、等于或小于灰度卡 4 级表示。

7　检验规则

7.1　检验分类

产品检验分出厂检验和型式检验。

7.1.1　出厂检验包括:

a)外观质量检验;

b)规格尺寸检验;

c)理化性能检验中的甲醛释放量、表面耐磨和吸水厚度膨胀率检验。

7.1.2 型式检验包括第 5 章表 1、表 2、表 3 所列的全部检验项目。

7.1.3 有下列情况之一时,应进行型式检验:

    a)当原辅材料及生产工艺发生较大变动时;

    b)停产三个月以上,恢复生产时;

    c)正常生产时,每年检验不少于二次;

    d)新产品投产或转产时;

    e)质量监督机构提出型式检验要求时。

7.2 组批原则

同一班次、同一规格、同一类产品为一批。

7.3 抽样方法和判定原则

7.3.1 总则

浸渍纸层压木质地板的产品质量检验应在同批产品中按规定抽取试样,并对所抽取试样逐一检验,试样均按块计数。

7.3.2 规格尺寸检验

7.3.2.1 厚度偏差、面层净长偏差、面层净宽偏差、直角度、边缘直度和翘曲度采用 GB/T 2828.1—2003 中的正常检验二次抽样方案,检验水平为 Ⅰ,接收质量限 AQL = 6.5 见表 5。按 6.1 对样品 n_1 进行检验。不合格品数 $d_1 \leq Ac_1$ 时接收,$d_1 \geq Re_1$ 时拒收,若 $Ac_1 < d < Re_1$,检验样本 n_2,前后两个样本中不合格品数 $d_1 + d_2 \leq Ac_2$ 时接收,$d_1 + d_2 \geq Re_2$ 时拒收。

表 5 规格尺寸检验抽样方案 （单位:块)

批量范围 N	样本大小		第一判定数		第二判定数	
	$n_1 = n_2$	$\sum n$	接收 Ac_1	拒收 Re_1	接收 Ac_2	拒收 Re_2
≤150	5	10	0	2	1	2
151～280	8	16	0	3	3	4
281～500	13	26	1	3	4	5
501～1 200	20	40	2	5	6	7

7.3.2.2 拼装离缝、拼装高度差检验的样本数为十块,该十块样本从检验规格尺寸的同批产品中随机抽取,采用一次抽样方案,按 6.1.2.7 进行检验,检验结果符合表 1 要求时接收,否则拒收。

7.3.3 外观质量检验

外观质量检验采用 GB/T 2828.1—2003 中的正常检验二次抽样方案,其检验水平为Ⅱ,接收质量限 AQL=4.0,见表6。按6.2的表2规定对样本 n_1 进行检验。不合格数 $d_1 \leqslant Ac_1$ 时接收, $d_1 \geqslant Re_1$ 时拒收,若 $Ac_1 < d < Re_1$,检验样本 n_2。前后两个样本中不合格品数 $d_1 + d_2 \leqslant Ac_2$ 时接收, $d_1 + d_2 \geqslant Re_2$ 时拒收。

表6　外观质量检验抽样方案　　　　　　　　　　（单位:块）

批量范围 （N）	样本大小		第一判定数		第二判定数	
	$n_1 = n_2$	$\sum n$	接收 Ac_1	拒收 Re_1	接收 Ac_2	拒收 Re_2
≤150	13	26	0	3	3	4
151～280	20	40	1	3	4	5
281～500	32	64	2	5	6	7
501～1 200	50	100	3	6	9	10

7.3.4　理化性能检验

7.3.4.1　理化性能检验的抽样方案见表7,初检样本检验结果有某项指标不合格时,允许进行复检一次,在同批产品中加倍抽取样品对不合格项进行复检,复检后全部合格,判为合格;若有一项不合格,判为不合格。

表7　理化性能检验抽样方案　　　　　　　　　　（单位:块）

提交检查批的成品板数量	初检抽样数	复检抽样数
≤1 000	3	6
≥1 001	6	12

注:如样品规格小,按以上方案抽取的样品不能满足试验要求时,可适当增加抽样数量。

7.3.4.2　在初检和复检试样中,任意三块地板组成一组。

7.3.4.3　检验结果的判断

7.3.4.3.1　地板试样的密度、含水率、吸水厚度膨胀率、尺寸稳定性的平均值满足标准规定要求,该地板试样的密度、含水率、吸水厚度膨胀率、尺寸稳定性判为合格,否则判为不合格。

7.3.4.3.2　地板试样的静曲强度、内结合强度、表面胶合强度的平均值满足标准规定要求,且任一试件的最小值不小于标准规定值的80%,该地板试样的静曲强度、内结合强度、表面胶合强度判为合格,否则判为不合格。

7.3.4.3.3　地板试样的耐光色牢度、甲醛释放量、表面耐划痕、抗冲击、表面耐磨、表面耐冷热循环、表面耐香烟灼烧、表面耐干热、表面耐污染、表面耐龟裂的每一试件均达到标准规定要求,该地板试样的上述性能判为合格,否则判为不合格。

7.3.4.3.4　当地板试样所需进行的各项理化性能检验均合格时,该批产品理化性能判为合格,否则判为不合格。

7.4 综合判断

产品外观质量、规格尺寸和理化性能检验结果全部达到相应等级要求时判为该批产品合格,否则判该批产品不合格。

7.5 检验报告

检验报告内容应包括:

a) 被检产品的等级、检验依据的标准、检验类别和检验项目等全部细节;

b) 检验结果及其结论;

c) 检验过程中出现的各种异常情况以及有必要说明的问题。

8 标志、包装、运输、贮存

8.1 标志

8.1.1 产品标记

产品入库前,应在产品适当的部位标记产品型号、商标、生产日期、甲醛释放限量标志、表面耐磨等级及相应转数等。

8.1.2 包装标记

包装上应标记生产厂家名称、地址、产品名称、生产日期、商标、规格型号、类别、等级、甲醛释放限量标志、表面耐磨等级及相应转数、数量及防潮、防晒等。

8.2 包装

产品出厂时应按产品类别、规格、等级分别包装。企业应根据自己产品的特点提供详细的中文安装和使用说明书。包装要做到产品免受磕碰、划伤和污损。包装要求亦可由供需双方商定。

8.3 运输和贮存

产品在运输和贮存过程中应平整堆放,防止污损,不得受潮、雨淋和暴晒。

贮存时应按类别、规格、等级分别堆放,每堆应有相应的标记。

附录6　竹集成材地板（GB/T 20240—2017）

1　范围

本标准规定了竹集成材地板的术语和定义、分类、技术要求、检验方法、检验规则以及标志、包装、运输和贮存。

本标准适用于室内用竹条集成材企口地板。

2　规范性引用文件

下列文件对于本文件的应用是必不可少的。凡是注日期的引用文件,仅注日期的版本适用于本文件。凡是不注日期的引用文件,其最新版本（包括所有的修改单）适用于本文件。

GB/T 2828.1—2012　计数抽样检验程序　第1部分:按接收质量限（AQL）检索的逐批检验抽样计划

GB/T 17657—2013　人造板及饰面人造板理化性能试验方法

GB/T 18103—2013　实木复合地板

GB 18580　室内装饰装修材料　人造板及其制品中甲醛释放限量

3　术语和定义

下列术语和定义适用于本文件。

3.1　竹条 bamboo strip

竹片经机械加工形成具有一定规格尺寸、横断面为矩形的长条状片材。

3.2　层板 lamination

精刨竹条纤维方向相互平行,胶拼而成的具有设定宽度的板材。

注:层板是竹集成材地板生产过程中的半成品。

3.3　竹集成材地板 glued laminated bamboo flooring

将精刨竹条纤维方向相互平行,宽度方向拼宽,厚度方向层积一次胶合、加工成的或层板厚度方向层积胶合、加工而成的企口地板。

3.4　水平型竹集成材地板 horizontal glued laminated bamboo flooring

表板纤维方向与芯板纤维方向相互平行或垂直,地板表面与层板厚度方向层积胶合的胶层相互平行的竹集成材地板。

见图1。

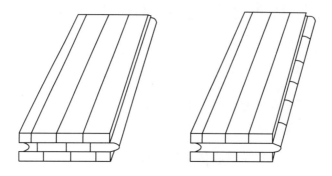

图1　水平型竹集成材地板

注:商品名为平拼竹地板。

3.5　垂直型竹集成材地板 vertical glued laminated bamboo flooring

地板表面与竹条层积胶合的胶层相互垂直的竹集成材地板。

见图2。

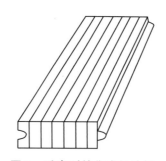

图2　垂直型竹集成材地板

注:商品名为侧拼竹地板。

3.6　组合型竹集成材地板 glued laminated bamboo flooring in combination

水平竹集成材与重直竹集成材组合结构的竹集成材地板。

见图3。

3.7　腐朽 decay

由于腐朽菌的侵入,使细胞壁物质发生分解,导致竹材组织结构松散、强度和密度下降、竹材组织颜色发生变化的现象。

3.8　色差 colour variation

板面各部位颜色不一致。

3.9　裂纹 split

竹纤维沿竹材纹理方向分离。

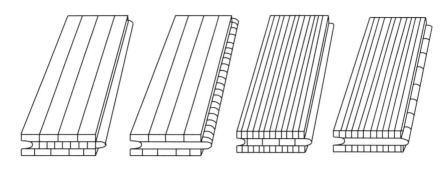

图 3　组合型竹集成材地板

3.10　虫孔 worm hole

蛀虫或其幼虫在竹材中蛀成的孔和虫道。

3.11　缺棱 wane

因竹片宽度不够、砂磨、刨削或碰撞所造成的棱边缺损。

3.12　拼接离缝 gap

相邻竹片之间的拼接缝隙。

3.13　波纹 cut mark

切削和砂磨时,在加工表面留下的形状和大小相近且有规律的波状痕迹。

3.14　污染 staining

受其他物质的影响,造成的部分表面颜色与本色不同。

3.15　鼓泡 blister

漆膜表面鼓起的大小不一的气泡。

3.16　针孔 pin hole

漆膜干燥过程中因收缩而产生的小孔。

3.17　皱皮 wrinkling

因漆膜收缩而造成的表面发皱现象。

3.18　漏漆 exposed undercoat

局部没有漆膜。

3.19　粒子 nib

漆膜表面黏附的颗粒状杂物。

3.20　霉变 moulding

因霉菌滋生而造成的材色的变化。

3.21　胀边 fatty edge

漆膜周边结成条状增厚部分。

3.22　榫舌残缺 rabbet deformity

榫舌在宽度及长度上有缺损。

见图4。

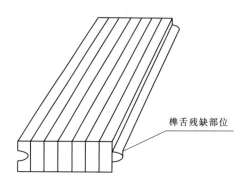

榫舌残缺部位

图4　榫舌残缺

3.23　面层净尺寸 size of the surface layer

不包括榫舌的竹集成材地板表面层的长和宽。

3.24　炭化竹集成材地板 dark giued laminated bamboo flooring

竹条经湿热处理后制成的褐色竹集成材地板。

4　分类

4.1　按结构分为：

——水平型竹集成材地板；

——重直型竹集成材地板；

——组合型竹集成材地板。

4.2　按表面有无涂饰分为：

——涂饰竹集成材地板；

——未涂饰竹集成材地板。

4.3　按表面颜色分为：

——本色竹集成材地板；

——漂白竹集成材地板；

——炭化竹集成材地板。

5　技术要求

5.1　分等

产品分为优等品、一等品、合格品三个等级。

5.2　规格尺寸及偏差

5.2.1　常用规格尺寸如下:

　　——长度:450 mm ~ 2 200 mm;

　　——宽度:75 mm ~ 200 mm;

　　——厚度:8 mm ~ 18 mm。

经供需双方协议可生产其他规格产品。

5.2.2　允许偏差见表1。

表1　允许偏差

项目	单位	允许偏差
面层净长 l	mm	公称长度 l_n 与每个测量值 l_m 之差的绝对值≤0.50
面层净宽 w	mm	公称宽度 w_n 与平均宽度 w_m 之差的绝对值≤0.15 宽度最大值 w_{max} 与最小值 w_{min} 之差≤0.20
厚度 t	mm	公称厚度 t_n 与平均厚度 t_m 之差的绝对值≤0.30 厚度最大值 t_{max} 与最小值 t_{min} 之差≤0.20
垂直度 q	mm	q_{max}≤0.15
边缘直度 s	mm/m	s_{max}≤0.20
翘曲度 f	%	宽度方向翘曲度 f_w≤0.20,长度方向翘曲度 f_l≤0.50
拼装高差 h	mm	拼装高差平均值 h_a≤0.15,拼装高差最大值 h_{max}≤0.20
拼装离缝 o	mm	拼装离缝平均值 o_a≤0.15,拼装离缝最大值 o_{max}≤0.20

5.3　外观质量要求

外观质量要求见表2。生产企业为保证其成品符合标准规定,应通过逐块检验地板块外观质量确定其等级。

表 2　外观质量要求

项目		优等品	一等品	合格品
漏刨	表面、侧面	不允许		
	背面	不允许	轻微	允许
榫舌残缺		不允许	残缺长度≤板长的5%,残缺宽度≤1 mm	
色差	表面	不明显	轻微	允许
	背面	允许		
裂纹	表面、侧面	不允许	允许 1 条宽度≤0.2 mm 长度≤100 mm	
	背面	允许,应进行腻子修补		
宽度方向拼接离缝	表板	不允许	允许 1 条宽度≤0.2 mm	
	背板	不允许	允许,宽度≤1 mm	
腐朽		不允许		
虫孔		不允许		
波纹		不允许		不明显
缺棱		不允许		
污染		不允许		≤板面积的5%(累计)
霉变		不允许		不明显
鼓泡($\phi \leq 0.5$ mm)		不允许	每块板不超过3个	每块板不超过5个
针孔($\phi \leq 0.5$ mm)		不允许	每块板不超过3个	每块板不超过5个
皱皮		不允许		≤板面积的5%
漏漆		不允许		
粒子		不允许		轻微
胀边		不允许		轻微

注:1. 不明显——正常视力在自然光下,距地板 0.4 m,肉眼观察不易辨别。

　　2. 轻微——正常视力在自然光下,距地板 0.4 m,肉眼观察不显著。

　　3. 鼓泡、针孔、皱皮、漏漆、粒子、胀边为涂饰竹集成材地板检测项目。

　　4. 竹条厚度局部不足按漏刨处理。

5.4　理化性能指标

5.4.1　理化性能指标应符合表 3 的规定。

表 3　竹集成材地板理化性能指标

项目			指标值
含水率			6.0% ~ 15.0%
静曲强度	面板纤维方向与芯板纤维方向相互平行	厚度≤15 mm	≥80 MPa
		厚度＞15 mm	≥75 MPa
	面板纤维方向与芯板纤维方向相互垂直	厚度≤15 mm	≥75 MPa
		厚度＞15 mm	≥70 MPa
浸渍剥离试验	水平型竹集成材地板 组合型竹集成材地板		四个侧面的各层层板之间的任一胶层的累计剥离长度≤该胶层全长的 1/3,六个试件中至少五个试件达到上述要求
	垂直型竹集成材地板		两端面胶层剥离长度大于胶层全长的 1/3 的胶层数≤总胶层数的 1/3,六个试件中至少五个试件达到上述要求
表面漆膜耐磨性	磨耗转数		磨 100 r 后表面未磨透
	磨耗值		≤0.12 g/100 r
表面漆膜耐污染性			5 级,无明显变化
表面漆膜附着力			不低于 2 级
表面抗冲击性能			压痕直径≤10 mm,无裂纹

5.4.2　甲醛释放量指标值按 GB 18580 的规定确定。

6　检验方法

6.1　规格尺寸检验

6.1.1　计量器具

6.1.1.1　钢卷尺,3 m 长,分度值为 1.0 mm。

6.1.1.2　150 mm 钢板尺,分度值为 0.5 mm。

6.1.1.3　游标卡尺,分度值为 0.02 mm。

6.1.1.4　千分尺,分度值为 0.01 mm。

6.1.1.5　直角尺,精度等级 2 级。

6.1.1.6　塞尺,分度值为 0.02 mm。

6.1.2　面层净长

按 GB/T 18103—2013 中 6.2.2.1 的规定进行。

6.1.3　面层净宽

按 GB/T 18103—2013 中 6.2.2.2 的规定进行。

6.1.4　厚度

按 GB/T 18103—2013 中 6.2.2.3 的规定进行。

6.1.5　直角度

按 GB/T 18103—2013 中 6.2.2.4 的规定进行。

6.1.6　边缘直度

按 GB/T 18103—2013 中 6.2.2.5 的规定进行。

6.1.7　翘曲度

按 GB/T 18103—2013 中 6.2.2.6 的规定进行。

6.1.8　拼装局差和拼装离缝

按 GB/T 18103—2013 中 6.2.2.7 的规定进行。

6.2　外观质量检验

按 5.3 外观质量要求,对所取样本采用目测或用 6 倍读数放大镜、分度值为 0.5 mm 的钢板尺、分度值为 0.02 mm 的塞尺进行逐项检量,判定其等级。

6.3　理化性能检验

6.3.1　取样

6.3.1.1　样本按 7.4.3 的规定抽取。

6.3.1.2　去掉试样两端 20 mm 后裁取试件,应避免影响检验准确性的各种缺陷。

6.3.2　试件

试件按表 4、图 5 制作,试件制作图按长度为 920 mm、宽度为 92 mm 的地板绘制。如样本规格尺寸较小,不能满足试件尺寸和数量的要求,可适当增加抽取的样本数;反之,如样本规格尺寸较大,则在满足试件尺寸和数量的前提下,可适当减少抽取的样本数。

6.3.3　试件尺寸测量

试件尺寸的测量方法按 GB/T 17657—2013 中 4.1 的规定进行。

6.3.4　含水率

按 GB/T 17657—2013 中 4.3 的规定进行。被测试样的含水率是全部试件含水率的算术平均值。

表4　试件尺寸、数量及编号

检测项目	试件尺寸(长×宽)/mm	数量/块	编号	备注
含水率	50×50	3	3	
静曲强度[a]	$300 \times 30 (h \leqslant 15)$ $350 \times 30 (h > 15)$	6	1	
浸渍剥离试验	75×75	6	2	
表面漆膜耐磨性	100×100	1	4	涂饰竹集成材地板,当地板宽度小于100 mm时,需拼宽至100 mm
表面漆膜耐污染性	长度300	1	6	涂饰竹集成材地板
表面漆膜附着力	长度250	1	5	涂饰竹集成材地板
表面抗冲击性能	长度230	3	7	

注:1.试件边、角平直,长度、宽度允许偏差±0.5 mm。

　　2.甲醛释放量试件尺寸及数量按GB 18580的规定确定,在锯完后立即用聚乙烯塑料袋密封包装,放置在20 ℃条件下至少24 h。

a.制取静曲强度试件应去除榫槽、榫舌。

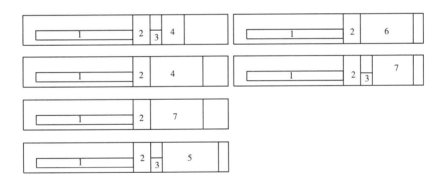

图5　试件制取图

6.3.5　浸渍剥离

按GB/T 17657—2013中4.19.4.1的Ⅱ类浸渍剥离试验法的规定进行,按表3要求,仔细观察所测胶层有无剥离。断续剥离累计计算;凡剥离间隙<0.1 mm、剥离长度≤3 mm者忽略不计;竹条自身开裂、缺损不计。用厚度为0.1 mm的塞尺进行探测,并用钢板尺测量剥离长度。

计算所测胶层的累计剥离长度并与该胶层全长进行比较;统计剥离长度>胶层全长1/3的胶层条数。

6.3.6 静曲强度

6.3.6.1 按 GB/T 17657—2013 中 4.7 的规定进行。

6.3.6.2 测量厚度时地板条表、背面开的槽忽略不计。

6.3.6.3 当试件厚度 ≤15 mm 时,支座距离 L 为 240 mm,当试件厚度 >15 mm 时,支座距离 L 为 300 mm。

6.3.6.4 测试时试件正面向上。

6.3.6.5 被测试样的静曲强度为 6 个试件的静曲强度的算术平均值,精确至 0.1 MPa。

6.3.7 表面漆膜耐磨性

按 GB/T 17657—2013 中 4.44 的规定进行。磨 100 r,计算磨耗值并观察试件表面被磨部分漆膜是否被磨透。

6.3.8 表面漆膜耐污染性

按 GB/T 17657—2013 中 4.41 方法 2 的规定进行。选择 2 种代表性污染物丙酮和黑咖啡作为常规污染试验物。

6.3.9 表面漆膜附着力

按 GB/T 17657—2013 中 4.56 的规定进行。

6.3.10 表面抗冲击性能

按 GB/T 17657—2013 中 4.51 的规定进行。每个试件只冲击一次。试验时,试件下衬幅面为 300 mm×300 mm,厚度为(2.5±0.2) mm,面密度为 75 g/m² 的泡沫聚乙烯。在距试件表面高度为 1 m 处使钢球自由垂直落于试件表面。测量每个试件的压痕直径并观察表面破损情况,记录最大的压痕直径及最严重的表面破损情况作为测试结果。

6.3.11 甲醛释放量

按 GB 18580 的规定进行。

7 检验规则

7.1 检验分类

产品检验分出厂检验和型式检验。

7.2 出厂检验

出厂检验包括以下项目:

——外观质量检验;

——规格尺寸检验;

——理化性能检验项目中含水率、浸渍剥离试验、表面漆膜耐磨性。

7.3　型式检验

7.3.1　型式检验除了包括出厂检验的全部项目外,还应增加静曲强度、抗冲击性能的检验、表面漆膜耐污染性、表面漆膜附着力等项目。

7.3.2　有下列情况之一时,应进行型式检验:

——当原辅材料及生产工艺发生较大变动时;

——长期停产后恢复生产时;

——正常生产时,每半年检验不少于一次;

——质量监督部门提出型式检验要求时。

7.4　抽样方案及判定规则

7.4.1　规格尺寸抽样方案及判定规则

7.4.1.1　抽样方案

7.4.1.1.1　规格尺寸检验应在同一批次中抽取样本。面层净长、面层净宽、厚度、垂直度、边缘直度、翘曲度采用 GB/T 2828.1—2012 中的二次抽样方案,其检查水平为 I,接收质量限(AQL)为 4.0。规格尺寸检验抽样方案见表5。

表5　规格尺寸检验抽样方案　　　　　　　　　　　　(单位:块)

批量范围	样本	样本大小	累计样本大小	接收数(Ac)	拒收数(Re)
<150	第一	5	5	0	2
	第二	5	10	1	2
151～280	第一	8	8	0	2
	第二	8	16	1	2
281～500	第一	13	13	0	3
	第二	13	26	3	4
501～1 200	第一	20	20	1	3
	第二	20	40	4	5
1 201～3 200	第一	32	32	2	5
	第二	32	64	6	7
3 201～10 000	第一	50	50	3	6
	第二	50	100	9	10

7.4.1.1.2　拼装高差、拼装离缝检验的样本数为10块,该10块样本从检验规格尺寸的同批产品中随机抽取。

7.4.1.2　判定规则

7.4.1.2.1　面层净长、面层净宽、厚度、垂直度、边缘直度、翘曲度,第一次检验的样品数量应等于该方案的第一样本数。按表1要求,如果第一样本中发现的不合格品数小于或等于第一接收数,应认为该批产品是可以接收的。如果第一样本中发现的不合格品数介于第一接收数与第一拒收数之间,应抽取第二样本。如果累计第一和第二样本中发现的不合格品数小于或等于第二接收数,则判定该批产品是可以接收的。如果累计不合格品数大于或等于第二拒收数,则判定该批产品是不可以接收的。

7.4.1.2.2 拼装高差、拼装离缝检验的样本按表 1 要求进行检验,如果第一次抽样检验有不合格项目,允许在同批产品中加倍抽样(20 块,分 2 组)对该项目复检一次,2 组均合格方可判为合格。所有项目全部合格方可判为合格。

7.4.1.2.3 当面层净长、面层净宽、厚度、垂直度、边缘直度、翘曲度、拼装高差、拼装离缝均合格时,判定该批产品的规格尺寸合格。

7.4.2 外观质量抽样方案及判定规则

7.4.2.1 抽样方案

对成批提交竹集成材地板进行外观质量检验时,应从同一批次中抽取样本。采用 GB/T 2828.1—2012 中的二次抽样方案,其检查水平为 Ⅱ,接收质量限(AQL)为 4.0,外观质量检验抽样方案见表 6。

表 6　外观质量检验抽样方案　　　　　　（单位:块）

批量范围	样本	样本大小	累计样本大小	接收数(Ac)	拒收数(Re)
<150	第一	13	13	0	3
	第二	13	26	3	4
151~280	第一	20	20	1	3
	第二	20	40	4	5
281~500	第一	32	32	2	5
	第二	32	64	6	7
501~1 200	第一	50	50	3	6
	第二	50	100	9	10
1 201~3 200	第一	80	80	5	9
	第二	80	160	12	13
3 201~10 000	第一	125	125	7	11
	第二	125	250	18	19

7.4.2.2 判定规则

第一次检验的样品数量应等于该方案给出的第一样本数。如果第一样本中发现的不合格品数小于或等于第一接收数,应认为该批产品是可以接收的。如果第一样本中发现的不合格品数介于第一接收数与第一拒收数之间,应抽取第二样本。如果累计第一和第二样本中发现的不合格品数小于或等于第二接收数,则判定该批产品是可以接收的。如果累计不合格品数大于或等于第二拒收数,则判定该批产品是不可以接收的。

7.4.3　理化性能抽样方案及判定规则

7.4.3.1　抽样方案

在提交检查批中随机抽取样本,抽样方案见表7,第一次抽样检验不合格的项目,允许在同一批次产品中加倍抽样复检,复检分两组进行。

表7　理化性能检验抽样方案　　　　　　　　（单位:块）

批量范围	初检抽样数	复检抽样数
≤1 000	6	12
>1 000	12	24

7.4.3.2　判定规则

含水率、静曲强度、浸渍剥离试验、表面漆膜耐磨性、表面漆膜耐污染性、表面漆膜附着力、表面抗冲击性能、甲醛释放量均符合要求时为合格;否则不合格项应进行加倍抽样复检,复检均合格时,该批产品的理化性能判定为合格,否则判定为不合格。

7.5　综合判定

当产品规格尺寸、外观质量、理化性能三项检验结果均合格时,判定该批产品为合格产品,否则判定为不合格产品。

8　标志、包装、运输和贮存

8.1　标志

产品应标明等级、生产日期、检验员代号,或根据供需合同规定加盖产品标志。

8.2　包装

产品包装箱(袋)外面应印有或贴有生产厂名、厂址、商标、产品标准号、规格、等级、甲醛释放量等级、颜色、数量、出厂日期。

8.3　运输和贮存

产品在运输和贮存中,应注意防雨、防潮、防晒、防变形。

附录 7 地采暖用实木地板技术要求

（GB/T 35913—2018）

1 范围

本标准规定了地采暖用实木地板的术语和定义、分类、要求、检验方法、检验规则以及标识、包装、运输和贮存。

本标准适用于地采暖用实木地板。

2 规范性引用文件

下列文件对于本文件的应用是必不可少的。凡是注日期的引用文件,仅注日期的版本适用于本文件。凡是不注日期的引用文件,其最新版本(包括所有的修改单)适用于本文件。

GB/T 2828.1—2012 计数抽样检验程序第 1 部分:按接收质量限(AQL)检索的逐批检验抽样计划

GB/T 15036.1—2009 实木地板第 1 部分:技术要求

GB/T 15036.2—2009 实木地板第 2 部分:检验方法

GB/T 16734—1997 中国主要木材名称

GB/T 18107 红木

GB/T 18513—2001 中国主要进口木材名称

GB/T 20238 木质地板铺装、验收和使用规范

LY/T 1700—2007 地采暖用木质地板

LY/T 1859—2009 仿古木质地板

3 术语和定义

GB/T 15036.1—2009 界定的以及下列术语和定义适用于本文件。

3.1 地采暖用实木地板 solid wood flooring for ground with heating system

铺设在地面供暖系统上由木材直接加工的实木地板。

4 分类

4.1 按连接方式分类

a)锁扣地采暖用实木地板;

b)榫接地采暖用实木地板；

c)连接件地采暖用实木地板。

4.2　按形状分类

a)平面地采暖用实木地板；

b)仿古地采暖用实木地板。

4.3　按表面涂饰方式分类：

a)漆饰地采暖用实木地板；

b)油饰地采暖用实木地板。

5　要求

5.1　部分适用树种名称

国内外部分适用地采暖用实木地板木材树种名称参见附录A。GB/T 16734—1997、GB/T 18107、GB/T 18513—2001所列木材名称且满足地采暖用实木地板要求的也适用于本标准。其他满足地采暖用实木地板要求的树种可经过法定授权专业部门鉴定确定其木材名称也适用本标准。

5.2　外观质量要求

平面地采暖用实地板成符合GB/T 15036.1—2009中6.3的要求；仿古地采暖用实木地板应符合LY/T 1859—2009中5.2.1的要求。

5.3　加工精度要求

平面采用实木地板应符合GB/T 15036.1—2009中6.2的要求；仿古地采暖用实木地板应符合LY/T 1869—2009中5.1的要求。

5.4　物理力学性能要求

5.4.1　含水率要求

平面地采暖用实木地板含水率应在5%到我国各地区的木材平衡含水率之间。我国各省(区)、直辖市木材平衡含水率见附录B。

5.4.2　其他物理力学性能要求

平面地采暖用实木地板应符合GB/T 15036.1中6.4的要求；仿古地采暖用实木地板应符合LY/T 1859—2009中5.3.1的要求。

5.5　耐热尺寸稳定性(收缩率)、耐湿尺寸稳定性(膨胀率)要求

地采暖用实木地板的性能应符合表1要求。

表 1　耐热尺寸稳定性、耐湿尺寸稳定性要求

项目	要求	
耐热尺寸稳定性（收缩率）	长	≤0.20%
	宽	≤1.50%
耐湿尺寸稳定性（膨胀率）	长	≤0.20%
	宽	≤0.80%

6　检验方法

6.1　规格尺寸、外观质量、物理力学性能试验方法

6.1.1　规格尺寸按照 GB/T 15036.2—2009 的 3.1 进行。检验翘曲度中翘弯和顺弯时,应以地板的背面为基准面。厚度检测应以相对最高点作为基准厚度。

6.1.2　平面地采暖用实木地板外观质量按照 GB/T 15036.2—2009 的 3.2 进行。仿古地采暖用实木地板的外观质量检验按照 LY/T 1859—2009 进行。

6.1.3　物理力学性能检验按照 GB/T 15036.2—2009 的 3.3 进行。

6.2　耐热尺寸稳定性（收缩率）、耐湿尺寸稳定性（膨胀率）的试验方法

6.2.1　耐热尺寸稳定性（收缩率）、耐湿尺寸稳定性（膨胀率）的试件制作、试件尺寸和数量的规定。

6.2.1.1　样本及试样应在存放 24 h 以上的产品中抽取试件在样板任意位置边部制取,只在一个长度和宽度方向上裁切,另一个长度方向和宽度方向上不裁切。

6.2.1.2　试件尺寸和数量应符合表 2 要求。

表 2　耐热尺寸稳定性、耐湿尺寸稳定性试件

检验项目	试件尺寸(mm)	试件数量(片)
耐热尺寸稳定性(收缩率)	200(长)×60(宽)	6
耐湿尺寸稳定性(膨胀率)	200(长)×60(宽)	6

注 1:每片地板最多锯制 2 块试件。

注 2:锯口处用铝箔纸、铝胶带或其他防水材料密封。

注 3:长度和宽度的测量在试件表面进行测量。

注 4:顺纤维方向是长度方向,厚度是地板自然厚度。

6.2.2　耐热尺寸稳定性(收缩率)、耐湿尺寸稳定性(膨胀率)的检验方法

耐热尺寸稳定性(收缩率)、耐湿尺寸稳定性(膨胀率)的检验按 LY/T 1700—2007 中 6.2.1 和 6.2.2 的规定执行。计算时按 6 个试件计算平均值。

7　检验规则

7.1　检验分类

7.1.1　产品检验分出厂检验和型式检验。

7.1.2　出厂检验包括以下项目:

　　a)尺寸偏差检验

　　b)外观质量检验

　　c)物理力学性能检验:含水率、耐热尺寸稳定性、耐湿尺寸稳定性。

7.1.3　型式检验包括全部检验项目。

7.1.4　正常生产时,每年型式检验不少于一次,有下列情况之一时,应进行型式检验

　　a)当原、辅材料及生产工艺发生较大变动时;

　　b)长期停产,恢复生产时;

　　c)质量监督机构提出检验要求时。

7.2　抽样和判定方法

7.2.1　基本要求

地采暖用实木地板的产品质量检验,应在同一批次未开封样品中选择,在同一规格、同一类产品中按规定抽取试样,并对所抽取试样逐一检验,试样均按片计数。

7.2.2　外观质量

7.2.2.1　采用 GB/T 2828.1—2012 中的一般检验水平Ⅱ,接收质量限(AQL)为 4.0 的正常检验二次抽样,抽样方案见表3。

表 3　外观质量检验抽样方案　　　　　　　　　　　(单位:片)

批量	样本	样本量	累计样本量	接收数	拒收数
≤25	第一	3	3	0	1
26~90	第一	8	8	0	2
	第二	8	16	1	2
91~150	第一	13	13	0	3
	第二	13	26	3	4

续表3

批量	样本	样本量	累计样本量	接收数	拒收数
151～280	第一	20	20	1	3
	第二	20	40	4	5
281～500	第一	32	32	2	5
	第二	32	64	6	7
501～1 200	第一	50	50	3	6
	第二	50	100	9	10
1 201～3 200	第一	80	80	5	9
	第二	80	160	12	13
3 201～10 000	第一	125	125	7	11
	第二	125	250	18	19

注:超过10 000片按另批处理。

7.2.2.2 在一片地板上,同时存在多种缺陷时,按影响产品等级最大的缺陷来判定

7.2.3 加工精度

7.2.3.1 采用 GB/T 2828.1—2012 中的一般检验水平Ⅰ,接收质量限(AQL)为 4.0 的正常检验二次抽样,抽样方案见表4。

表4 尺寸偏差检验抽样方案　　　　　　(单位:片)

批量	样本	样本量	累计样本量	接收数	拒收数
≤90	第一	3	3	0	1
91～280	第一	8	8	0	2
	第二	8	16	1	2
281～500	第一	13	13	0	3
	第二	13	26	3	4
501～1 200	第一	20	20	1	3
	第二	20	40	4	5
1 201～3 200	第一	32	32	2	5
	第二	32	64	6	7
3 201～10 000	第一	50	50	3	6
	第二	50	100	9	10

注:超过10 000片按另批处理。

7.2.3.2　拼装离缝和拼装高度差要求如下：

　　a) 检验的样本数为 10 片,在检验的样本中随机抽取;

　　b) 检验采用一次抽样方案,如测量值达到标准要求判为合格,否则判为不合格。

7.2.4　物理力学性能、耐热尺寸稳定性、耐湿尺寸稳定性

7.2.4.1　抽样方案

　　物理力学性能检验的抽样方案见表 5,在初检和复检试样中,任意 2 片地板组成一组。任一组初检样本检验结果中某项指标不合格时,允许进行复检一次,在同批产品中加倍抽取样品对不合格项进行复检,复检后全部合格,判为合格;若有一项不合格,判为不合格。

表 5　尺寸偏差检验抽样方案　　　　　　　　（单位:片）

提交检查批的成品板数量	初检抽样数 n_1	复检抽样数 n_2
≤1 000	2	4
≥1 001	4	8

注:如样品规格偏小,按以上方案抽取的样品不能满足检验要求时,可适当增加抽样数量。

7.2.4.2　检验结果的判断

7.2.4.2.1　物理力学性能判定原则按相应的产品标准进行。

7.2.4.2.2　耐热尺寸稳定性、湿尺寸稳定性的平均值达到标准规定要求,该试样的耐热尺寸稳定性、耐湿尺寸稳定性判为合格,否则判为不合格。

7.3　综合判定

　　产品的外观质量、加工精度、物理力学性能、耐热尺寸稳定性、耐湿尺寸稳定性均应符合相应要求,否则判为不合格品。

8　标识、包装、运输和贮存

8.1　标识

　　产品包装箱应印有或贴有清晰且不易脱落的标志,用中文注明生产厂名、厂址、商标、执行标准号、生产许可证编号、产品名称、规格、等级、木材名称及拉丁名、数量（m²）、涂饰方法、批次号等标志,仿古地板应在外包装上注明。

8.2　包装

　　产品出厂时应按类别、规格、批号分别包装。包装应做到产品免受磕碰、划伤和污损。包装要求亦可由供需双方商定。

8.3 运输和贮存

产品在运输和贮存过程中应平整堆放,板面不得直接与地面接触,并按不同类别、规格、等级分别堆放,每垛应有相应的标记。贮存地点应防雨、防潮、防晒,远离火源。

附录8　室内装饰装修材料人造板及其制品中甲醛释放限量

（GB 18580—2017）

1　范围

本标准规定了室内装饰装修用人造板及其制品中甲醛释放限量要求、试验方法[1]、判定规则和检验报告等。

本标准适用于纤维板、刨花板、胶合板、细木工板、重组装饰材、单板层积材、集成材、饰面人造板、木质地板、木质墙板、木质门窗等室内用各种类人造板及其制品的甲醛释放限量。

2　规范性引用文件

下列文件对于本文件的应用是必不可少的。凡是注日期的引用文件,仅注日期的版本适用于本文件。凡是不注日期的引用文件,其最新版本(包括所有的修改单)适用于本文件。

GB/T 17657—2013 人造板及饰面人造板理化性能试验方法

GB/T 18259—2009 人造板及其表面装饰术语

3　术语和定义

GB/T 18259—2009 界定的术语和定义适用于本文件

4　要求

室内装饰装修材料人造板及其制品中甲醛释放限量值为 0.124 mg/m^3,限量标识 E_1。

5　试验方法

5.1　按 GB/T 17657—2013 中 4.60 甲醛释放量测定——1 m^3 气候箱法的规定进行。

5.2　试件尺寸为长 $l = (500 \pm 5)$ mm,宽 $b = (500 \pm 5)$ mm。试件数为两块,试件表面积为 1 m^2。当试件长、宽小于所需尺寸,允许采用不影响测定结果的方法拼合。

6　判定规则

检验结果符合限量规定时,判为符合本标准要求。

7 检验报告

7.1 检验报告的内容应包括产品名称、规格、类别、限量标识、生产日期、检验依据标准及试验方法等。

7.2 检验结果和结论。

7.3 检验过程中出现的异常情况和其他有必要说明的问题。

　　1）企业可采用气体分析法、干燥器法或穿孔萃取法进行生产控制，建立其与 1 m^3 气候箱法之间的相关性，以满足本标准的要求。

附录 9 木质地板铺装、验收和使用规范
（GB/T 20238—2018）

1 范围

本标准规定了木质地板铺装、验收和使用规范的术语和定义、分类、铺装要求、竣工验收要求、使用规范和保修期内质量要求。

本标准适用于室内用木质地板铺装、验收和使用。

2 规范性引用文件

下列文件对于本文件的应用是必不可少的。凡是注日期的引用文件,仅注日期的版本适用于本文件。凡是不注日期的引用文件,其最新版本（包括所有的修改单）适用于本文件。

GB/T 4897 刨花板

GB/T 5849 细木工板

GB/T 9846 普通胶合板

GB/T 15036.1 实木地板 第 1 部分:技术要求

GB/T 15036.2—2009 实木地板 第 2 部分:检验方法

GB/T 18102 浸渍纸层压木质地板

GB/T 18103 实木复合地板

GB 18580 室内装饰装修材料人造板及其制品甲醛释放限量

GB 18583 室内装饰装修材料胶粘剂中有害物质限量

GB/T 20240 竹地板

GB/T 24599—2009 室内木质地板安装配套材料

GB/T 35913 地采暖用实木地板技术要求

GB 50209—2010 建筑地面工程施工质量验收规范

JGJ 142—2012 辐射供暖供冷技术规程

LY/T 1614 实木集成地板

LY/T 1657 软木类地板

LY/T 1700 地采暖用木质地板

LY/T 1859 仿古木质地板

LY/T 1984—2011 重组木地板

LY/T 1987 木质踢脚线

3 术语和定义

GB/T 15036.1、GB/T 18102、GB/T 18103、GB/T 24599—2009、GB 50209—2010、JGJ 142—2012 和 LY/T 1984—2011 等界定的以及下列术语和定义适用于本文件。为了便于使用，以下重复列出了 GB/T 24599—2009、GB 50209—2010、JGJ 142—2012 和 LY/T 1984—2011 中的某些术语和定义。

3.1　**木龙骨法** interior wood framing installation

将地板铺设在木龙骨上或木龙骨和毛地板上的铺装方法。

3.2　**悬浮法** floating installation

将地板直接铺设在地垫上的铺装方法。

3.3　**直接胶粘法** glue – down installation

地板块用胶粘剂与地面直接粘贴的铺装方法。

3.4　**重组木** reconstituedwood

以小径材、枝桠材等材料经碾压、施胶、顺纹组坯、加压而成的板方材。

[LY/T 1984—2011,定义 3.1]

3.5　**重组木地板** reconstituedwood flooring

用重组木生产加工而成的地板。

[LY/T 1984 – 2011,定义 3.2]

3.6　**地采暖用木质地板** wood flooring for ground with heating system

铺设在地面辐射供暖系统上的木质地板。

3.7　**地面固定物** other component on the ground

固定在地面上的立柜、柱子、管道、隔断等凸出物体。

3.8　**找平层** leveling course

在垫层、楼板上或填充层(轻质、松散材料)上起整平、找坡或加强作用的构造层。

[GB 50209—2010,定义 2.0.8]

3.9　**防潮层** moisture proofing course

防止建筑地基或楼层地面下潮气透过地面的构造层。

[JGJ 142—2012,定义 2.0.21]

3.10　均热层 heat distribution plates

采用预制沟槽保暖板供暖地面时,铺设在加热部件之下或之上、或上下均铺设的可使加热部件产生的热量均匀散开的金属板或金属箔。

［JGJ 142—2012,定义 2.0.11］

3.11　绝热层 insulating course

辐射供暖供冷中,用于阻挡冷热量传递,减少无效冷热损失,在现场单独铺设的构造层(不包括预制沟槽保暖板和供暖板的保温基板)。

［JGJ 142—2012,定义 2.0.20］

注:绝热层包括辐射面绝热层和侧面绝热层。

3.12　地面隐蔽工程 concealment

地板铺装时遮盖的工程项目。

注:地面隐蔽工程包括地板铺装时遮盖的管线排布等施工项目。

3.13　木龙骨 interior wood framing

用于支撑地板的木条。

3.14　木栓　trenail

用作打入混凝土钻孔的木塞。

注:使用木栓是为了便于钉木龙骨钉。

3.15　毛地板 load distribution panel

确保地板铺装基础平整的板材,铺设在地板和木龙骨之间的板材。

注:毛地板通常采用多层胶合板、细木工板或刨花板等人造板。

3.16　引眼 guiding hole

为便于钉入固定地板的地板钉,预先在钉地板钉处钻的导孔。

3.17　防潮膜 moisture resistant foil

起防潮作用的塑料薄膜。

3.18　地垫 under‐lay

平铺在地板下起缓冲、降噪和防潮作用的材料。

3.19　踢脚线 washboard for flooring

用于室内墙体和地板连接处的条状材料。

［GB/T 24599—2009,定义 3.8］

防潮膜 moisture resistant foil

起防潮作用的塑料薄膜。

3.20 扣条 sandwich profire

用于室内装修中不同界面或相同界面(如地板与瓷砖、地板与地板)之间的过渡、收口、固定、连接、贴靠等处的材料。

[GB/T 24599—2009,定义 3.9]

3.21 地面辐射供暖系统 floor radiant heating system

在建筑地面中铺设的绝热层、隔离层、供热做法、填充层等的总称。

[GB 50209—2010,定义 2.0.15]

注:地面辐射供暖系统铺设的目的是为了实现地面辐射供暖的效果。

3.22 混凝土或水泥砂浆填充式地面辐射供暖供冷 floating screed floor radiant heating or cooling

加热部件敷设在绝热层之上,需填充混凝土或水泥砂浆后再铺设地面面层的地面辐射供暖供冷形式。

[JGJ 142—2012,定义 2.0.9]

注:混凝土或水泥砂浆填充式地面辐射供暖供冷简称混凝土填充式地面辐射供暖供冷。

3.23 预制沟槽保温板地面辐射供 pre‑grooved insulation board floor radiant heating

将加热管或加热电缆敷设在预制沟槽保温板的沟槽中,加热管或加热电缆与保温板沟槽尺寸吻合且上皮持平,不需要填充混凝土即可直接铺设面层的地面辐射供暖形式。

[JGJ 142—2012,定义 2.0.10]

3.24 拼装离缝 gap

铺装后相邻地板条之间的拼接缝隙。

3.25 拼装高度差 high difference

铺装后相邻地板条之间的高度差。

3.26 卷边 warp

地板边缘向上翘起。

4 分类

4.1 按铺装方式分

　　a)木龙骨法;

　　b)悬浮法;

　　c)直接胶粘法。

4.2　按是否采用地面辐射供暖分

a) 辐射供暖地面；

b) 非辐射供暖地面。

5　木龙骨法地板装、竣工验收要求

5.1　适用产品类别

本章适用于实木地板、实木集成地板、重组木地板、竹地板、仿古实木地板和仿古竹地板的铺装和竣工验收。

5.2　铺装规范

5.2.1　一般规定

实施铺装前,应对下述规定进行确认:

——在铺装前,应将铺装方法、铺装要求、工期、验收规范等向用户说明并征得其认可。

——地板铺装应在地面隐蔽工程、吊顶工程、墙面工程、水电工程完成并验收后进行。

——地面基础的强度和厚度应符合 GB 50209—2010。

——地面应坚实、平整、洁净、干燥。

——地面含水率不得大于20% ,否则应进行防潮层施工或采取除湿措施使地面含水率合格后再铺装。与土壤相邻的地面,应进行防潮层施工。

——拟铺装区域应有效隔离水源,防止有水源处(如暖气管道、厨房、卫生间等)向拟铺装区域渗漏。

——墙面应同地面相互垂直,在距离地面200 mm 内墙面应平整,用2 m 靠尺检测墙面平整度,最大弦高宜小于或等于3 mm。

——不得使用不符合 GB 18580 和 GB 18583 的材料。

——室内外温差大的区域,木质地板应在铺装地点放置24 h 后再拆包铺装。

5.2.2　其他规定

用2 m 靠尺检测地面平整度,靠尺与地面的最大弦高应小于或等于5 mm。

5.2.3　主要材料质量要求

主要材料质量应满足下述要求:

——实木地板应符合GB/T 15036.1 的规定,实木集成地板应符合 LY/T 1614、重组木地板应符合 LY/T 1984—2011、竹地板应符合 GB/T 20240 和 GB 18580 的规定,仿古实木地板和仿古竹地板应符合 LY/T 1859 的规定。

——铺装用木龙骨、垫木等木材含水率应符合 GB/T 15036.1 的规定。木龙骨应使用握钉性能良好、具有一定耐腐性能或经防虫处理的木材。木龙骨厚度 ≥25 mm，宽度 ≥35 mm。

——毛地板可采用胶合板、细木工板和刨花板等人造板材，应符合 GB/T 9846、GB/T 5849 和 GB/T 4897 等标准的规定，甲醛释放量应符合 GB 18580 中 E_1 级的规定，厚度 ≥9 mm。

——铺装用胶黏剂应符合 GB 18583 的规定。

——踢脚线应符合 LY/T 1987 的规定。

5.2.4 用户认可

铺装单位提供验货单，用户根据以下条款检验并签字确认：

——地板包装和标识的验收。地板应包装完好，包装内应有产品质量合格证或标识。产品包装应印有或贴有清晰的中文标识，如生产厂名、厂址、产品名称、执行标准、规格、木材名称、等级、数量和批次号等。

——地板产品的验收。用户应核对所购地板种类、规格和数量与合同的一致性。

——地板和木龙骨含水率的验证。铺装单位和用户在铺装前应对地板和木龙骨的含水率进行验证，并记录在验货单上。

——其他主要材料的要求。铺装单位应给用户明示胶黏剂等主要材料的合格证或标识。

——产品数量核定。通常地板铺装损耗量小于铺装面积的 5%，特殊房间和特殊铺装由供需双方协商确定。

5.2.5 铺装技术要求

5.2.5.1 铺装前准备

5.2.5.1.1 通用事项

实施铺装前，应做好下述准备：

——彻底清理地面，确保地面无砂粒、无浮土、无明显凸出物和施工废弃物。

——测量地面的含水率，地面含水率合格后方可施工，不应湿地施工。

——根据用户房屋已铺设的管道、线路布置情况，标明各管道、线路的位置，以便于施工。

——制定合理的铺装方案。若铺装环境特殊应及时与用户协商，并采取合理的解决方案。

——门的下沿和安装好的地板（或扣条）间预留不小于 3 mm 的间隙，确保地板铺装后门扇应开闭自如。

5.2.5.1.2　龙骨法铺装事项

测量并计算所需木龙骨、踢脚线和扣条数量

5.2.5.2　木龙骨安装

木龙骨安装时,应符合下述要求:

——根据用户要求确定地板铺装方向后,确定木龙骨的铺设方向。

——根据地板的长度模数计算确定木龙骨的间距并划线标明,不采用毛地板的木龙骨法铺装应确保地板端部接缝在木龙骨上,木龙骨间距不超过350 mm。

——地面可铺设防潮膜,防潮膜交接处应重叠100 mm以上并用胶带粘接严实,墙角处翻起大于或等于50 mm。

——根据木龙骨的长度,合理布置固定木龙骨的位置;打孔孔距小于或等于300 mm,孔深度小于或等于60 mm,以免击穿楼板。如使用木栓,木栓应采用握钉力较好的干燥材,直径大于电锤钻头直径。

——采用专用木龙骨钉固定木龙骨,龙骨端头宜预留60~70 mm以避免木龙骨钉劈裂木龙骨。不得用水泥或含水建筑胶固定木龙骨。

——木龙骨与地面有缝隙时,应用耐腐、硬质材料垫实。如木龙骨不平整,应刨平或垫平。

——木龙骨安装时,木龙骨间距允差≤5 mm,平整度小于或等于3 mm/2 m,与墙面间的伸缩缝为8 mm~12 mm。

——相邻两排木龙骨端头接缝应错开300 mm以上。

5.2.5.3　地板铺装

实木地板、实木集成地板、重组木地板和竹地板铺装结构见图1。

地板铺装时,应满足下述要求:

——根据用户要求,可在木龙骨间撒放防虫剂和干燥剂。

——在木龙骨上可铺钉毛地板,毛地板不得整张使用,宜锯成规格为1.2 m×0.6 m或0.6 m×0.6 m的板材。毛地板铺装间隙为5 mm~10 mm,与墙面及地面固定物间的间距为8 mm~12 mm。毛地板固定钉距应小于350 mm。固定后脚踩无异响和明显下陷现象,毛地板铺装应平整,平整度小于或等于3 mm/2 m。

——铺设防潮膜,防潮膜交接处应重叠100 mm以上并用胶带粘接严实,墙角处翻起大于或等于50 mm。

——地板侧面、端面和切割面可进行防潮处理。

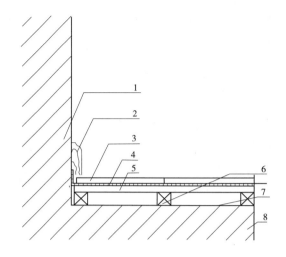

说明：

1—墙体；2—踢脚线；3—地板；4—防潮膜；5—毛地板(可选择)；

6—木龙骨；7—防潮膜(可选择)；8—地面基础

图 1 实木地板、实木集成地板、重组木地板和竹地板铺装结构示意图

——在地板企口处打引眼，引眼孔径应略小于地板钉直径，用地板钉从引眼处将地板固定。地板应错缝铺装。地板钉长度宜为板厚的 2.5 倍，固定时应从企口处 30°～50°角倾斜钉入。

——在铺装过程中应随时检查，如发现问题应及时采取措施。

——地板的拼接缝隙应根据铺装时的环境温湿度状况、地板宽度、地板的含水率、木材材性以及铺设面积情况合理确定。

——在地板与其他地面材料衔接处，应进行断(间隙 8 mm～12 mm)，并征得用户认可。扣条过渡应安装稳固。

——地板宽度方向铺设长度大于或等于 6 m 时，或地板长度方向铺设长度大于或等于 15 m 时，应在适当位置设置伸缩缝，并用扣条过渡。靠近门口处，宜设置伸缩缝，并用扣条过渡。扣条应安装稳固。

——铺装完毕后，铺装人员要全面清扫施工现场，并且全面检查地板的铺装质量，确定无铺装缺陷后方可要求用户在铺装验收单上签字确认。

5.2.5.4 地板铺装质量要求

实木地板、实木集成地板、重组木地板和竹地板铺装质量要求见表1。

5.2.5.5 脚线安装

踢脚线应安装牢固，上口应平直，安装质量要求见表2。

表 1　实木地板、实木集成地板、重组木地板和竹地板铺装质量要求

项目	测量工具	质量要求
表面平整度	2 m 靠尺 钢板尺,分度值 0.5 mm	≤3.0 mm/2 m
拼装高度差[a]	塞尺,分度值 0.02 mm	≤0.6 mm
拼装离缝	塞尺,分度值 0.02 mm	≤0.8 mm
地板与墙及地面固定物间的间隙	钢板尺,分度值 0.5 mm	8 mm ~ 12 mm
漆面	—	无损伤、无明显划痕
异响	—	主要行走区域不明显
[a]非平面类仿古木质地板不检拼装高度差		

表 2　踢脚线安装质量要求

项目	测量工具	质量要求
踢脚线与门框的间隙	钢板尺,分度值 0.5 mm	≤2.0 mm
踢脚线拼缝间隙	塞尺,分度值 0.02 mm	≤1.0 mm
踢脚线与地板表面的间隙	塞尺,分度值 0.02 mm	≤3.0 mm
同一面墙踢脚线上沿直度	2 m 靠尺 钢板尺,分度值 0.5 mm	≤3.0 mm/2 m
踢脚线接口高度差	钢板尺,分度值 0.5 mm	≤1.0 mm

5.3　竣工验收规范

5.3.1　验收时间

地板铺装结束后 3 d 内验收。

5.3.2　验收要点

5.3.2.1　通用要点

地板工验收时,应满足下述要求:

——靠近门口处,宜设置伸缩缝,并用扣条过渡,门扇底部与扣条间隙不小于 3 mm,门扇应开闭自如。扣条应安装稳固。

——地板表面应洁净、平整。地板外观质量应符合相应产品标准要求。

——地板铺设应牢固、不松动,踩踏无明显异响。

5.3.2.2　龙骨法铺装要点

地板宽度方向铺设长度≥6 m 时,或地板长度方向铺设长度≥15 m 时,宜采用合理间隔措施,设置伸缩缝并用扣条过渡。

5.3.3 地板面层质量验收

按表1中的规定进行验收。

5.3.4 踢脚线安装质量验收

按表2中的规定进行验收。

5.3.5 总体要求

地板铺设竣工后,铺装单位与用户双方应在规定的验收期限内进行验收,对铺设总体质量、服务质量等予以评定,并办理验收手续。铺装单位应出具保修卡,承诺地板保修期内义务。

6 悬浮法地板铺装、竣工验收要求

6.1 适用产品类别

本章适用于浸渍纸层压木质地板、实木复合地板、软木复合地板、仿古浸渍纸层压木质地板、仿古实木复合地板的铺装和竣工验收。

6.2 铺装规范

6.2.1 一般规定

按5.2.1的规定进行

6.2.2 其他规定

用2 m靠尺检测地面平整度,靠尺与地面的最大弦高应≤3 mm。

6.2.3 主要材料质量要求

主要材料质量应满足下述要求:

——浸渍纸层木质地板应符合GB/T 18102和GB 18580的规定,实木复合地板应符合GB/T 18103和GB 18580的规定,软木复合地板应符合LY/T 1657和GB 18580的规定,仿古浸渍纸层压木质地板和仿古实木复合地板应符合LY/T 1859的规定。

——地垫厚度≥2 mm。

——铺装用胶黏剂应符合GB 18583的规定。

——踢脚线应符合LY/T 1987的规定。

6.2.4 用户认可

铺装单位提供验货单,用户根据以下条款检验并签字确认:

——地板包装和标识的验收。地板应包装完好,包装内应有产品质量合格证或标识。产品包装应印有或贴有清晰的中文标识,如生产厂名、厂址、产品名称、执行标准、规格、花色(或木材名称)、甲醛释放限量标志、等级、数量和批次号等。

——地板产品的验收。用户应核对所购地板种类、规格和数量与合同的一致性。

——其他主要材料的要求。铺装单位应给用户明示胶黏剂等主要材料的合格证或标识。

——产品数量核定。通常地板铺装耗量小于铺装面积的 5%，特殊房间和特殊铺装由供需双方协商确定。

6.2.5　铺装技术要求

6.2.5.1　铺装前准备

6.2.5.1.1　通用事项

按 5.2.5.1.1 的规定进行。

6.2.5.1.2　悬浮法铺装事项

测量并计算所需地垫、踢脚线和扣条数量。

6.2.5.2　地垫铺设

地垫铺设要求平整、不重叠地铺满整个铺设地面，接继处应用胶带粘接严实。可在地垫下铺设防潮膜，其幅宽接缝处应重叠 100 mm 以上并用胶带粘接严实，墙角处翻起大于或等于 50 mm。

6.2.5.3　地板铺装

地板铺装时，应满足下述要求：

——地板与墙及地面固定物间应加入一定厚度的木楔，使地板与其保持 8 mm ～ 12 mm 距离。

——采用错缝铺装方式时，长度方向相邻两排地板端头拼缝间距应大于或等于 200 mm。

——同一房间首尾排地板宽度宜大于或等于 50 mm。

——如需施胶，涂胶应连续、均匀和适量，地板拼合后，应适时清除挤到地板表面上的胶黏剂。

——地板铺装长度或宽度大于或等于 8 m 时，应在适当位置进行隔断预留伸缩缝，并用扣条过渡。靠近门口处，宜设置伸缩缝，并用扣条过渡。扣条应安装稳固。

——在地板与其他地面材料衔接处，应进行隔断（间隙 8 mm ～ 12 mm），并征得用户认可。扣条过渡应安装稳固。

——地板侧面、端面和切割面可进行防潮处理。

——在铺装过程中应随时检查，如发现问题应及时采取措施。安装踢脚线时，应将木楔取出后方可安装。

——铺装完毕后,铺装人员要全面清扫施工现场,并且全面检查地板的铺装质量,确定无铺装缺陷后方可要求用户在铺装验收单上签字确认。

——施胶铺装的地板应养护 24 h 方可使用。

6.2.5.4 地板铺装质量要求

6.2.5.4.1 浸渍纸层压木质地板铺装质量要求见表3

表3 浸渍纸层压木质地板铺装质量要求

项目	测量工具	质量要求
表面平整度	2 m 靠尺 钢板尺,分度值 0.5 mm	≤3.0 mm/2 m
拼装高度差[a]	塞尺,分度值 0.02 mm	≤0.15 mm
拼装离缝	塞尺,分度值 0.02 mm	≤0.20 mm
地板与墙及地面固定物间的间隙	钢板尺,分度值 0.5 mm	8.0 mm ~ 12.0 mm
地板表面	—	无损伤、无明显划痕,无明显胶斑
异响	—	主要行走区域不明显

[a] 非平面类仿古木质地板不检拼装高度差

6.2.5.4.2 实木地板、软木复合地板铺装质量要求见表4。

表4 实木地板、软木复合地板铺装质量要求

项目		测量工具	质量要求
表面平整度		2 m 靠尺 钢板尺,分度值 0.5 mm	≤3.0 mm/2 m
拼装高度差[a]	无倒角	塞尺,分度值 0.02 mm	≤0.20 mm
	有倒角		≤0.25 mm
拼装离缝		塞尺,分度值 0.02 mm	≤0.40 mm
地板与墙及地面固定物间的间隙		钢板尺,分度值 0.5 mm	8.0 mm ~ 12.0 mm
漆面		—	无损伤、无明显划痕,无明显胶斑
异响		—	主要行走区域不明显

[a] 非平面类仿古木质地板不检拼装高度差

6.2.5.5 踢脚线安装

按 5.2.5.5 的规定进行。

6.3 竣工验收规范

6.3.1 验收时间

地板铺装结束后 3 d 内验收。

6.3.2 验收要点

6.3.2.1 通用要点

按 5.3.2.1 的规定进行

6.3.2.2 悬浮法铺装要点

地板铺装长度或宽度大于或等于 8 m 时,宜采取合理间隔措施,设置伸缩缝并用扣条过渡。

6.3.3 地板面层质量验收

浸渍纸层压木质地板面层质量按表 3 中的规定进行验收实木复合地板、软木复合地板面层质量按表 4 中的规定进行验收。

6.3.4 踢脚线安装质量验收

按 5.3.4 的规定进行。

6.3.5 总体要求

按 5.3.5 的规定进行。

7 直接胶粘法地板铺装、竣工验收要求

7.1 适用产品类别

本章适用于软木地板、实木复合地板、软木复合地板、仿古实木复合地板的铺装和竣工验收。

7.2 铺装规范

7.2.1 一般规定

按 5.2.1 的规定进行。

7.2.2 其他规定

实施铺装前,应对下述规定进行确认:

——用 2 m 靠尺检测地面平整度,软木地板铺装地面平整度应小于或等于 1.5 mm/2 m,实木复合地板铺装地面平整度应小于或等于 3 mm/2 m,否则应进行找平处理。

——铺装时室内环境温度应在 5 ℃ 以上。

7.2.3 主要材料质量要求

主要材料质量应满足下述要求:

——软木地板和软木复合地板应符合 LY/T 1657 和 GB 18580 的规定,实木复合地板应符合 GB/T 18103 和 GB 18580 的规定,仿古实木复合地板应符合 LY/T 1859 的规定。

——铺装用胶黏剂应符合 GB 18583 的规定。

——踢脚线应符合 LY/T 1987 的规定。

7.2.4 用户认可

按 6.2.4 的规定进行。

7.2.5 铺装技术要求

7.2.5.1 铺装前准备

7.2.5.1.1 通用事项

按 5.2.5.1.1 的规定进行。

7.2.5.1.2 直接粘贴法铺装事项

测量并计算所需踢脚线、扣条数量。

7.2.5.2 地面面层检测与处理

对面层进行检测,检测结果应符合 7.2.1 和 7.2.2 中的规定。否则应经处理符合要求后方可施工。

7.2.5.3 地板铺装

地板铺装时,应满足下述要求:

——软木地板铺装时应在地面和地板背面涂胶,施胶量应适中,涂布应均匀、无遗漏。其他地板铺装时在地面或地板背面涂胶,可施点胶或面胶。

——采用错缝铺装方式时,长度方向相邻两排地板端头拼缝间距应大于或等于 200 mm。

——同一房间首尾排地板宽度宜大于或等于 50 mm。

——根据施工环境温湿度情况,适时陈放后按铺装方案进行地板粘贴。在地板粘贴过程中,采用橡胶锤锤紧或辊轮辊压等方式,将地板与地面紧密胶合。

——在地板与其他地面材料衔接处,应征求用户意见进行隔断,可安装扣条过渡或用弹性密封材料填充,扣条或弹性密封材料应安装稳固。

——在铺装过程中应随时检查,如发现问题应及时采取措施。

——铺装完毕后,铺装人员要全面清扫施工现场,并且全面检查地板的铺装质量,确定无铺装缺陷后方可要求用户在铺装验收单上签字确认。

——施胶铺装的地板应养护 24 h 方可使用。

7.2.5.4　软木地板铺装质量要求

软木地板铺装质量要求见表 5。

表 5　软木地板铺装质量要求

项目	测量工具	质量要求
表面平整度	2 m 靠尺 钢板尺,分度值 0.5 mm	≤2.0 mm/2 m
拼装高度差	塞尺,分度值 0.02 mm	≤0.3 mm
拼装离缝	塞尺,分度值 0.02 mm	≤0.4 mm
地板与墙及地面固定物间的间隙	钢板尺,分度值 0.5 mm	≤3.0 mm
漆面	—	无损伤、无明显划痕

7.2.5.5　实木复合地板、软木复合地板和仿古实木复合地板铺装质量要求

实木复合地板、软木复合地板和仿古实木复合地板铺装质量要求见表 4。

7.2.6　踢脚线安装

按 5.2.5.5 的规定进行。

7.3　竣工验收规范

7.3.1　验收时间

地板铺装完毕 3 d 内进行验收。

7.3.2　验收要点

地板工验收时,应满足下述要求:

——地板与其他地面材料衔接处,宜采取合理间隔措施,设置不大于 3 mm 的伸缩缝,可用扣条或填充弹性密封材料过渡,扣条或弹性密封材料应安装稳固。

——门扇底部与扣条间隙不小于 3 mm,门扇应开闭自如。

——地板表面应洁净,平整,地板外观质量应要符合相应产品标准要求。

——地板铺设应牢固、不松动。

7.3.3　地板面层质量验收

软木地板面层质量按表 5 中的规定进行验收。实木复合地板面层质量按表 4 的规定进行验收。

7.3.4 踢脚线安装质量验收

按 5.3.4 的规定进行

7.3.5 总体要求

按 5.3.5 的规定进行。

8 辐射供暖地面木质地板铺装、竣工验收要求

8.1 适用产品类别

本章适用于地采暖用浸渍纸层压木质地板、地采暖用实木复合地板、地采暖用实木地板的悬浮法铺装和竣工验收,地采暖用浸渍纸层压木质地板、地采暖用实木复合地板、软木地板的直接胶粘法铺装和竣工验收。

8.2 铺装规范

8.2.1 一般规定

地面含水率不得大于 10%,否则应进行防潮层施工或采取除湿措施使地面含水率合格后再铺装;其他按 5.2.1 的规定进行。

8.2.2 其他规定

实施铺装前,应对下述规定进行确认:

——地面工程施工质量应符合 GB 50209—2010 的相关规定。

——用 2 m 靠尺检测地面平整度,靠尺与地面的最大弦高应小于或等于 3 mm。

——预制沟槽保温板地面辐射供暖,宜铺设绝热层、均热层。

——地面不得打眼、钉钉,以防破坏地面供暖系统。

——采用直接胶粘法铺装时,室内环境温度在 5 ℃ 以上。

8.2.3 供暖系统的要求

供暖系统应满足下述要求:

——地面供暖系统应符合 JGJ 142—2012 的相关规定。

——应在地面供暖系统加热试验合格后进行铺装。

8.2.4 主要材料质量要求

地采暖用实木复合地板、地采暖用浸渍纸层压木质地板应符合 LY/T 1700 和 GB 18580 的规定,地采暖用实木地板应符合 GB/T 35913 的规定,竹木地板应符合 LY/T 1657 和 GB 18580 的规定。踢脚线应符合 LY/T 1987 的规定。

8.2.5 用户认可

按 6.2.4 的规定进行。

8.2.6　铺装技术要求

8.2.6.1　悬浮法

8.2.6.1.1　铺装前准备

按 6.2.5.1 的规定进行

8.2.6.1.2　防潮膜铺设

防潮膜铺设要求平整并铺满整个铺设地面,其幅宽接缝处应重叠 200 mm 以上并用胶带粘接严实,墙角处翻起大于或等于 50 mm。

8.2.6.1.3　地垫铺设

地垫铺设要求平整不重叠地铺满整个铺设地面,接缝处应用胶带粘接严实。

8.2.6.1.4　地板铺装

地板铺装时,应满足下述要求:

——地板与墙及地面固定物间应加入一定厚度的木楔,使实木地板与墙面保持 10 mm ~ 25 mm 距离(依据产品尺寸稳定性控制距离),其他地板与墙面保持 8 mm ~ 12 mm 距离。

——采用错缝铺装方式时,长度方向相邻两排地板端头拼缝间距应大于或等于 200 mm。

——同一房间首尾排地板宽度宜大于或等于 50 mm。

——地板拼接时可施胶,涂胶应连续、均匀、适量,地板拼合后,应适时清除挤到地板表面上的胶黏剂。

——实木地板铺装宽度大于或等于 5 m、铺装长度大于或等于 8 m,其他地板铺装长度或铺装宽度大于或等于 8 m 时,应在适当位置进行隔断预留伸缩缝,并用扣条过渡。靠近门口处,宜设置伸缩缝,并用扣条过渡。扣条应安装稳固。

——地板侧面、端面和切割面可进行防潮处理。

——在地板与其他地面材料衔接处,预留伸缩缝大于或等于 8 mm,并安装扣条过渡。扣条应安装稳固。

——在铺装过程中应随时检查,如发现问题应及时采取措施。

——安装踢脚线时,应将木楔取出后方可安装。

——铺装完毕后,铺装人员要全面清扫施工现场,并且全面检查地板的铺装质量,确定无铺装缺陷后方可要求用户在铺装验收单上签字确认。

——施胶铺装的地板应养护 24 h 方可使用。

8.2.6.1.5 地板施压拼合后,在墙的周边伸缩缝中,可定距放入压缩弹簧片塞紧木地板,保持侧向、纵向压力。

8.2.6.1.6 地板铺装质量要求

地板铺装质量应满足下述要求:

——地采暖用实木地板铺装质量要求应符合表1的规定。

——地采暖用浸渍纸层压木质地板铺装质量要求应符合表3的规定。

——地采暖用实木复合地板铺装质量要求应符合表4的规定。

8.2.6.2 直接胶粘法

8.2.6.2.1 铺装前准备

按7.2.5.1的规定进行。地面应进行防潮层施工。

8.2.6.2.2 地板铺装

按7.2.5.3的规定进行

8.2.6.2.3 地板铺装质量要求

地板铺装质量应满足下述要求:

——地采暖用浸渍纸层压木质地板铺装质量要求应符合表3的规定。

——地采暖用实木复合地板铺装质量要求应符合表4的规定

——软木地板铺装质量要求应符合表5的规定

8.2.6.3 踢脚线安装

按5.2.5.5的规定进行。

8.3 竣工验收规范

8.3.1 验收时间

地板铺装结束后3 d内验收。

8.3.2 验收要点

悬浮法铺装按6.3.2的规定进行。直接粘贴法铺装按7.3.2的规定进行。

8.3.3 地板面层质量验收

按8.2.6.1.6或8.2.6.2.3中的规定进行。

8.3.4 踢脚线安装质量验收

按5.3.4的规定进行

8.3.5 总体要求

按5.3.5的规定进行。

9 木质地板使用规范

9.1 一般规定

9.1.1 定期清洁维护

定期清洁维护时,应满足下述要求:

——定期吸尘或清扫地板,防止沙粒等硬物堆积而刮擦地板表面。

——用不滴水的拖布拖擦,按厂家要求进行清洁和保养。

——局部脏迹可用中性清洁剂清洗,不应使用酸、碱性溶剂或汽油等有机溶剂擦洗。

9.1.2 防止阳光长期曝晒

9.1.3 室内湿度小于或等于45%时,宜采取加湿措施;室内湿度大于或等于75%时,宜通风排湿。

9.1.4 避免金属锐器、玻璃、瓷片、鞋钉等坚硬物器划伤地板;搬动家具和重物时避免拖挪或砸伤地板。

9.1.5 不得用不透气材料长期覆盖。

9.1.6 地板不得接触明火,不应直接在地板上放置大功率电热器、强酸性或强碱性物质。

9.1.7 铺装完毕的场所如暂不使用,应定期通风。

9.1.8 应避免卫生间、厨房等房间的水源泄漏。

9.2 辐射供暖地面木质地板使用规范

9.2.1 在使用地面辐射供暖系统时,应缓慢升降温,建议升降温速度不高于3 ℃/24 h。以防止地板开裂变形。

9.2.2 建议地板表面温度不超过27 ℃。不得覆盖面积超过1.5 m^2 的不透气材料。避免使用无腿的家具

9.2.3 其他使用规范按9.1的规定进行。

10 木质地板保修期内质量要求

10.1 保修期限

在正常维护条件下使用,自验收之日起保修期为1年。

10.2 地板面层质量要求

10.2.1 实木地板、实木集成地板、重组木地板和竹地板面层质量要求见表6。

表 6　实本地板、实木集成地板、重组木地板和竹地板面层质量要求

项目	测量工具	质量要求
表面平整度	2 m 靠尺 钢板尺,分度值 0.5 mm	≤5.0 mm/2 m
拼装高度差[a]	塞尺,分度值 0.02 mm	≤0.8 mm
拼装离缝	塞尺,分度值 0.02 mm	≤2.0 mm
起拱	2 m 靠尺 钢板尺,分度值 0.5 mm	≤5.0 mm/2 m
开裂	钢板尺,分度值 0.5 mm 塞尺,分度值 0.02 mm	裂缝宽度≤0.3 mm,裂缝长度≤地板长度的 4%,宽度≤0.1 mm 的裂缝不计
漆面质量	—	漆膜不允许鼓泡、皱皮。龟裂地板的累计面积不超过铺装面积的 5%
虫蛀	—	地板和木龙骨中不允许有原生虫卵、蛹、幼虫、成虫引发的虫蛀
宽度方向凹翘曲度[b]	—	最大拱高≤0.1 mm/块

[a]非平面类仿古木质地板不检拼装高度差。

[b]测量方法按 GB/T 15036.2—2009 中 3.1.2.6.1 的规定进行。

10.2.2　浸渍纸层压木质地板面层质量要求见表 7

表 7　浸渍纸层压木质地板面层质量要求

项目	测量工具	质量要求
表面平整度	2 m 靠尺 钢板尺,分度值 0.5 mm	≤3.0 mm/2 m
拼装高度差	塞尺,分度值 0.02 mm	≤0.30 mm
拼装离缝	塞尺,分度值 0.02 mm	≤0.35 mm
起拱	2 m 靠尺 钢板尺,分度值 0.5 mm	≤3.0 mm/2 m
卷边	钢板尺 塞尺,分度值 0.02 mm	接缝处上翘高度≤0.25 mm/块
局部变蓝	—	不允许
装饰层破损	—	正常使用条件下,不允许表面装饰层磨损或破坏
分层	—	不允许

注:非平面类仿古木质地板不检拼装高度差。

10.2.3 实木复合地板、软木复合地板面层质量要求见表8。

表 8　实木复合地板、软木复合地板面层质量要求

项目	测量工具	质量要求
表面平整度	2 m 靠尺 钢板尺,分度值 0.5 mm	≤3.0 mm/2 m
拼装高度差[a]	塞尺,分度值 0.02 mm	≤0.5 mm
拼装离缝	塞尺,分度值 0.02 mm	≤1.0 mm
起拱	2 m 靠尺 钢板尺,分度值 0.5 mm	≤3.0 mm/2 m
宽度方向凹翘曲度[b]	钢板尺 塞尺,分度值 0.02 mm	最大拱高≤0.8 mm/块
分层	—	不允许
开裂	—	裂缝宽度≤0.3 mm,裂缝长度≤地板长度的4%,宽度≤0.1 mm 的裂缝不计
漆面质量	—	漆膜不允许鼓泡、皱皮。龟裂地板的累计面积不超过铺装面积的5%
虫蛀	—	地板中不允许有原生虫卵、蛹、幼虫、成虫引发的虫蛀

[a]非平面类仿古木质地板不检拼装高度差。

[b]测量方法按 GB/T 15036.2—2009 中 3.1.2.6.1 的规定进行。

10.2.4 软木地板面层质量要求见表9

表 9　软木地板面层质量要求

项目	测量工具	质量要求
表面平整度	2 m 靠尺 钢板尺,分度值 0.5 mm	≤2.0 mm/2 m
拼装高度差	塞尺,分度值 0.02 mm	≤0.5 mm
拼装离缝	塞尺,分度值 0.02 mm	≤0.6 mm
漆面质量	—	漆膜不允许鼓泡、皱皮。龟裂地板的累计面积不超过铺装面积的5%

10.2.5　地采用浸渍纸层压木质地板面层质量应符合表7的规定。

10.2.6　地采暖用实木复合地板面层质量应符合表8的规定

10.2.7　地采暖用实木地板面层质量要求应符合表6的规定。

10.3　维修

在正常维护条件下使用,保修期内出现不符合10.2中的质量要求时,保修方应对超标部位的地板进行免费维修或更换。

10.4　维修后的验收

地板修复后,保修方和用户双方应及时对修复后的地板面层进行验收,对修复总体质量、服务质量等予以评定。保修方应在保修卡上登记修复情况,用户签字认可。保修方在剩余保修期内有继续保修的义务。

参 考 文 献

［1］杨家驹,卢鸿俊.红木家具及实木地板［M］.北京:中国建材工业出版,2004.

［2］李坚.木材科学［M］.北京:科学出版社,2014.

［3］木质地板铺装工程技术规程编写组,圣象集团有限公司.木质地板铺装实用手册［M］.北京:中国建筑工业出版社,2006.

［4］王传贵,蔡家斌.木质地板生产工艺学［M］.北京:中国林业出版社,2014.

［5］向仕龙,李赐生,张秋梅.装饰材料的环境设计与应用［M］.北京:中国建材工业出版社,2005.

［6］国家林业和草原局.木质地板铺装、验收和使用规范:GB/T 20238—2018［S］.北京:中国标准出版社,2018.

［7］梁思成.中国建筑史［M］.北京:百花文艺出版社,2005.

［8］沈艳.古罗马建筑材料之木材及其应用［D］.哈尔滨:东北林业大学,2014.

［9］陈明达.中国古代木结构建筑技术(战国—北宋)［M］.北京:文物出版社,1990.

［10］张侃,王志.基于气候箱法的实木复合地板甲醛释放规律研究［J］.安防科技,2011(9).

［11］谭守侠,周定国.木材工业手册［M］.北京:中国林业出版社,2006.

［12］姜志华,周江龙.强化木地板甲醛释放量与存放时间、环境温度关系的研究［J］.中国人造板,2009(7).

［13］叶红,代平国,任彦回.地暖环境条件下木质地板甲醛释放量测定及收集装置［J］.江苏建材,2012(3).

［14］赵文田.地面辐射供暖设计施工手册［M］.北京:中国电力出版社,2014.

［15］李尚彬.家居装修中的材料——实木地板［J］.现代装饰(理论),2015(11)

［16］唐丹.实木地板的清洁与养护［J］.中国质量万里行,2014(11)

［17］张廷荣,张驰.实木地板松动和起拱的防治措施［J］.建筑工人,2008(3).

［18］唐涛.买木料做自己中意的实木地板［J］.建材与装修情报,2008(6).

［19］徐俊.实木地板铺设流程［J］.建材与装修情报,2007(1).

［20］黄现.实木地板防腐性及其检验方法的探讨［J］.广东建材,2005(7).

［21］段增录.谈实木地板家居装修［J］.人造板通讯,2004(1).

［22］实木地板选购要点［J］.新材料新装饰,2004(8).

［23］对实木地板的三个认识误区［J］.工程质量,2004(10).

［24］怎样选购实木地板［J］.中国防伪报道,2016(1).

［25］如何鉴别实木地板［J］.中国防伪报道,2014(11).

［26］方崇荣.实木地板［J］.中国防伪报道,2011(9).

［27］李家驹.如何选购实木地板［J］.中国林业产业,2009(Z1).

［28］买实木地板时要注意的几个细节［J］.中国防伪报道,2005(2).

［29］郭佳.如何选购称心的实木地板［J］.中国标准化,2004(1).

［30］实木地板问答［J］.福建质量管理,2004(1).

［31］晓晖,刘睿.实木地板保养须知［J］.质量指南,2003(5).

［32］阿元.选实木地板莫入误区［J］.质量指南,2003(5).

［33］张润平.木地板常见的问题及其防范［J］.建筑装饰材料世界,2005(10).

［34］李敏华.实木地板用木材的研究［D］.南宁:广西大学,2012.

［35］国家林业和草原局.实木地板第1部分:技术要求:GB/T 15036.1—2018.［S］.北京:中国标准出版社,2018.

［36］国家林业和草原局.实木地板第2部分:检验方法:GB/T 15036.2—2018［S］.北京:中国标准出版社,2018.

［37］国家林业和草原局.室内装饰装修材料 人造板及其制品中甲醛释放限量:GB 18580—2017［S］.北京:中国标准出版社,2017.

［38］国家林业和草原局.地采暖用实木地板技术要求:GB/T 35913—2018［S］.北京:中国标准出版社,2018.

［39］国家林业和草原局.实木复合地板:GB/T 18103—2013［S］.北京:中国标准出版社,2013.

［40］国家林业和草原局.体育馆用木质地板:GB/T 20239—2015［S］.北京:中国标准出版社,2015.

［41］国家林业和草原局.浸渍纸层压木质地板:GB/T 18102—2007［S］.北京:中国标准出版社,2007.

［42］国家林业和草原局.竹集成材地板:GB/T 20240—2017［S］.北京:中国标准出版社,2017.

［43］国家林业和草原局.软木类地板:LY/T 1657—2015［S］.北京:中国标准出版社,2015.

［44］国家林业和草原局.地采暖用木质地板:LY/T 1700—2007［S］.北京:中国标准出版社,2007.

［45］周永东,鲍咏泽,喻立春,等.平衡处理对实木地板坯料质量的影响［J］.木材工业,2015(5).

［46］周永东.实木地板坯料加工技术现状及趋势分析［J］.木材工业,2014(5).

［47］董明光,李军伟,周玲.番龙眼地板毛坯干燥工艺基准和干燥工艺实施［J］.林业机械与木工设备,2014(1).

［48］殷亚方.常见贸易濒危与珍贵木材识别手册［M］.北京:科学出版社,2016.

［49］刘鹏.东南亚热带木材［M］.北京:中国林业出版社,2008.

［50］姜笑梅,等.拉丁美洲热带木材［M］.北京:中国林业出版社,1999.

［51］刘鹏,等.非洲热带木材［M］.北京:中国林业出版社,1996.

［52］成俊卿,等.中国木材志［M］.北京:中国林业出版社,1992.

［53］王建权.试论建筑装饰装修工程的施工质量管理及控制措施［J］.民营科技,2017(1).

［54］张保红.建筑装饰装修工程施工质量控制措施探讨［J］.江西建材,2017(1).

［55］索立群.木地板铺设后"响声"现象解析［J］.品牌与标准化.2010(24).